Word
Excel
PowerPoint

強效精攻
500招

PCuSER研究室◎著

Tricks
Word、Excel、PowerPoint 強效精攻500招

Part 1　Word文件編輯

2

Part 2 EXCEL圖表試算

3

Part 3 PowerPoint簡報高手

Office 各版本工具列快速比較

Office 2010的操作介面，大致上與Office 2007相似，將繁瑣的操作介面簡化，以直覺化的呈現方式讓使用者一目了然，更方便進行各項設定。

Office 2010同時也增加了多項新功能，例如：設定快速存取工具列中的工具按鈕、利用浮動工具列快速進行設定、各種功能的快速鍵，以及即時預覽功能……等等。

此外，Office 2007左上方原本有一個Office按鈕 ，可能是許多人用起來相當不習慣、或是容易忽略它的功用，在Office 2010中還是回復成【檔案】功能標籤，讓使用者不會忘記它的存在。

不同**Office**版本的工具列差異

■Office 2003

▲圖說：過去的Office 2003工具列樣貌

■Office 2007

▲圖說：Office 2007在工具列上做了很大的變革

■Office 2010

▲圖說：Office 2010大致上沿用2007的工具列，並將左上方的Office按鈕整合到【檔案】活頁標籤

Office 2010適用Windows XP SP3以上的執行環境

■32 位元系統：

Windows XP SP3、Windows Vista SP1、Windows Server 2003 R2、Windows Server 2008、Windows 7、Windows 8、Windows 8.1、Windows 10

■64 位元系統：

Windows Vista SP1、Windows Server 2003 R2、Windows Server 2008、Windows 7、Windows 8、Windows 8.1、Windows 10

Word文件編輯

Word 2010主視窗操作介面簡介

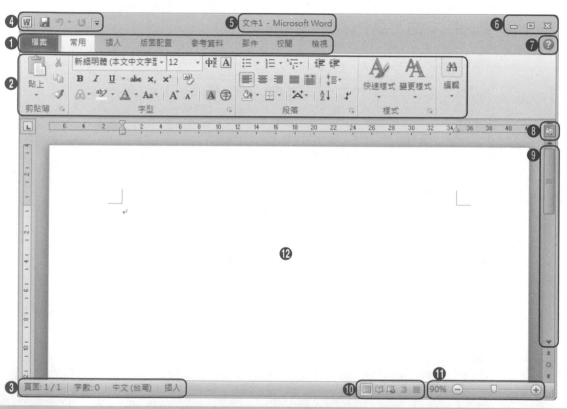

❶ **活頁標籤**：點選不同的活頁標籤，即可打開所屬的功能群組。

❷ **功能群組**：不同功能群組中，提供多種不同的操作設定功能及按鈕。如圖按下【常用】活頁標籤，即可打開「剪貼簿」、「字型」、「段落」及「樣式」等功能群組，供使用者進行各項功能的操作。

❸ **狀態列**：主要顯示目前文件的相關資訊，如頁數、字數、語言及輸入狀態等。

❹ **快速存取工具列**：使用者可以根據個人操作習慣，把常用的功能加入「快速存取工具列」中，讓操作更為迅速方便。

❺ **標題列**：顯示文件的檔案名稱和類型。

❻ **視窗控制按鈕**：設定視窗的最大化、最小化或關閉視窗。

❼ **說明**：按一下該按鈕可開啟Word 2010說明檔案，使用者可在此查詢Word操作上的各項問題。

❽ **尺規**：顯示垂直和水平尺規，方便使用者對檔案進行編輯設定。按下「尺規」📷按鈕可以隱藏或顯示尺規。

❾ **垂直捲軸**：拖曳垂直捲軸，可以瀏覽文件中的不同頁面。

❿ **檢視按鈕**：依據編輯需求，可以切換到「整頁模式」、「閱讀版面配置」、「Web版面配置」、「大綱」及「草稿」等不同的檢視模式。

⓫ **顯示比例**：用於設定檔案編輯區域的顯示比例，使用者可透過拖曳滑桿或按滑桿兩旁的十一按鈕，進行文件顯示比例的縮放。

⓬ **文件編輯區**：Word文件的主要編輯區域。

Chapter 1 自訂順手的編輯環境

Word 2010有很多可以自訂的操作介面，你可以把工具列改成自己比較順手的模式、加上平常比較會用到的功能。另外還有一些有助於編輯檔案的設定，例如自動儲存檔案的間隔、自訂檔案的預設存檔位置……等。活用這些個人化設定，會讓你工作起來更有效率！

Trick 01 自訂快速存取工具列

在使用Office 2010時，可以自行設定「快速存取工具列」中的按鈕，把常用的按鈕放進來，把不需要的按鈕移除，讓操作更方便快速。

1 按下「快速存取工具列」右側的 ▼ 按鈕，在下拉選單中，勾選要增加的選項，在此以【開新檔案】為例。返回視窗後，即可看到剛剛勾選的工具鈕出現在「快速存取工具列」裡。

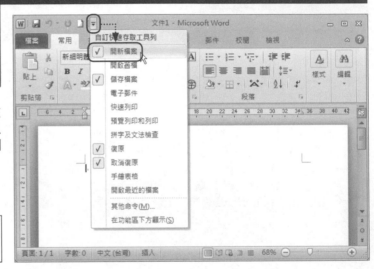

 操作小撇步

若要移除該工具按鈕，只要將工具名稱前面的勾勾取消即可。

Trick 02 進階設定快速存取工具列

除了在「快速存取工具列」下拉選單中常用的工具按鈕選項外，還可以自行設定增加其他的工具按鈕，以提高工作效率。

1 按下「快速存取工具列」右側的 ▼ 按鈕，在下拉選單中點選【其他命令】。跳出「Word選項」對話盒後，按下「由此選擇命令」的下拉選單，在選單中點選【所有命令】。

 操作小撇步

按下「自訂快速存取工具列」下方的〔重設〕→【重設所有自訂】，會跳出「刪除此程式的所有功能區與快速存取工具列的自訂」對話盒，按下〔是〕，即可恢復預設的設定內容。

2 接著即可從選單中點選要增加的工具按鈕選項，再按下〔新增〕。此時在右側「自訂快速存取工具列」清單中，就會顯示增加的工具按鈕，最後按下〔確定〕，返回視窗後，在「快速存取工具列」中就會顯示剛剛增加的工具按鈕。

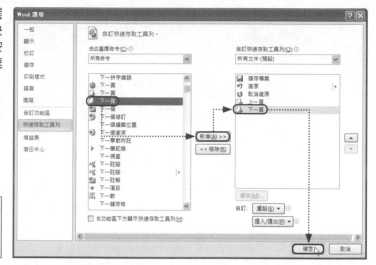

操作小撇步

在功能區任一工具按鈕上按一下滑鼠右鍵，並從快速選單中選取【新增至快速存取工具列】，亦可將該工具按鈕加入「快速存取工具列」中。

Trick 03 利用迷你工具列快速進行設定

在Office 2010中，選取任何一段文字後，會出現一個半透明狀的「迷你工具列」，方便使用者對選取的文字進行各種設定。

1 在文件中選取一段文字，然後將游標移到所選取的文字上，此時會出現半透明的「迷你工具列」。將游標移動到「迷你工具列」上，此時工具列將完全顯現，只要點選該工具列上的任意一個選項按鈕，即可對選取的文字進行設定。

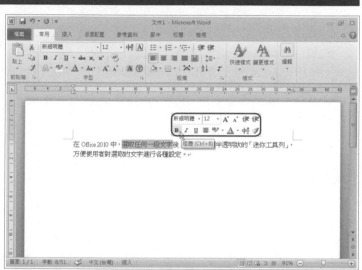

2 如果不想要在選取文字後顯示「迷你工具列」，可按下【檔案】→【選項】。開啟「Word 選項」對話盒後，在「一般」選項頁面中，將「選取時顯示迷你工具列」前的勾勾取消，再按下〔確定〕即可。

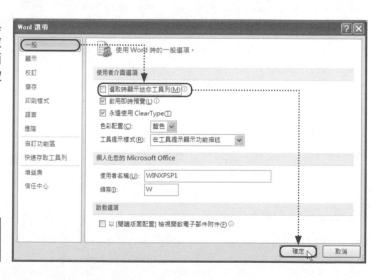

操作小撇步

「迷你工具列」是為方便進行格式設定，所以無法針對工具列中的功能進行增刪。

8

Trick 04 善用快速鍵執行各項功能

在Office 2010操作介面中的活頁標籤、工具按鈕及功能群組中的指令，都有對應的快速鍵，使用者可直接透過鍵盤操作，以節省工作時間。

1 開啟Word後，按下鍵盤中的 Alt 鍵，在活頁標籤和快速存取工具列下方，都會出現相對應的快速鍵。

操作小撇步

此時只要再按一次 Alt 鍵，或按一下滑鼠左鍵，就可取消顯示快速鍵。

2 按下活頁標籤的快速鍵後，便跳到該活頁標籤，並出現底下各功能相對應的快速鍵，即可直接透過鍵盤執行各項功能哦！

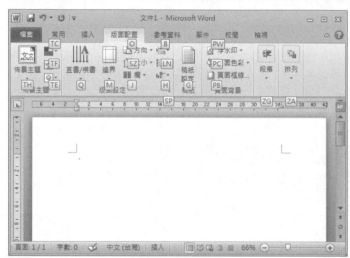

操作小撇步

快速鍵的部分，並沒有大小寫的區別。

Trick 05 即時預覽設定效果

在Word 2010中有「即時預覽」的功能，方便使用者能在變更字型、大小、樣式或色彩等設定的同時，就即時預覽變更後的效果。

1 首先選取一段文字，接著在【常用】活頁標籤的【字型】群組中「文字醒目提示色彩」的下拉選單。

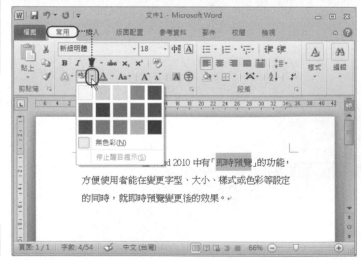

操作小撇步

Word預設狀態下是啟用「即時預覽」功能。

2 接著將游標移到色彩選單中的任一色塊上，被選取的文字就會即時顯示變更後的效果。將游標從色彩選單移開後，被選取的文字就會回復成原本的設定。

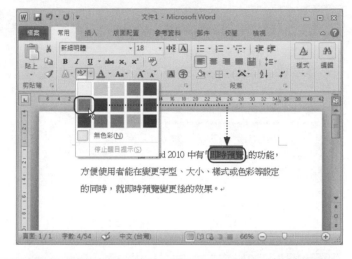

操作小撇步

按下【檔案】→【選項】開啟「Word選項」對話盒，然後在「一般」選項頁面中取消勾選「啟用即時預覽」，再按下〔確定〕即可取消即時預覽的功能。

Trick 06 自訂「最近的文件」顯示數目

通常我們會針對正在編輯中的文件進行開啟，Office 2010不但會幫我們把最近開啟過的文件列在一起，還可以自行設定最近的文件顯示數目哦！

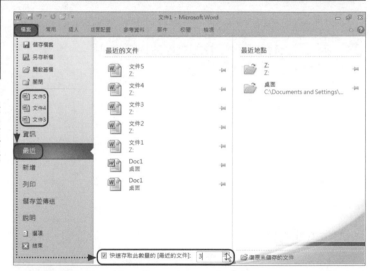

1 點選【檔案】→【最近】，勾選最下方「快速存取此數量的[最近的文件]」，然後在後面方框中設定要顯示的文件數，此時即可在窗格左側的【資訊】上方，依我們設定的文件數顯示最近開啟過的文件。

2 另外，在「最近的文件」或「最近地點」，按下文件名稱後方的圖釘圖示，使其變成狀態，即可將該文件固定顯示在清單中。

操作小撇步

這項設定雖然方便我們開啟剛編輯過的文件，但相對也容易讓別人知道我們最近編輯過哪些文件。

10

Trick 07 設定每隔幾分鐘自動儲存檔案

如果常因太過專心編輯文件而忘記存檔，有時會發生好不容易打了一堆卻突然當機只好前功盡棄好想砸了電腦的悲劇。為了降低悲劇發生造成的損失，就需要設定這項每隔幾分鐘自動存檔的功能。

1 點選【檔案】→【選項】，開啟「Word 選項」對話盒後，在「儲存」選項頁面中勾選「儲存自動回復資訊時間間隔」，並在後面方框中輸入自動存檔的時間，再按下〔確定〕按鈕即完成。

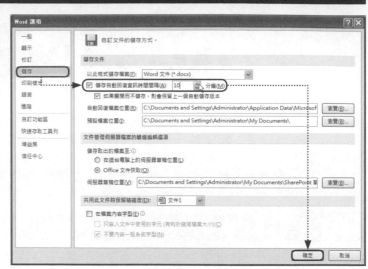

Trick 08 自訂檔案預設開啟與存檔位置

一般而言，Office預設的文件開啟與儲存位置，是在「My Documents」這個資料夾。當然我們也可以根據個人作業習慣，自行變更預設的資料夾位置。

1 點選【檔案】→【選項】，開啟「Word 選項」對話盒後，在「儲存」選項頁面中按下「預設檔案位置」右側的〔瀏覽〕。

2 在「修改位置」對話盒中，選取我們想要做為預設的資料夾位置後，再按下下方的〔確定〕即完成。

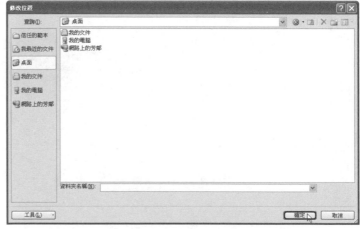

操作小撇步

若想恢復預設的檔案儲存位置，方法和修改預設儲存位置相同。

11

Chapter 2

Word檔案基礎操作

在Word 2010中，承襲了之前Word許多檔案管理的功能，如利用現有範本建立新文件、一次開啟多個文件、將常用文件格式存成範本、儲存文件中使用的特別字型……等。學完本單元之後，相信就如同練了內功心法一樣，外表上也許看不出有多厲害，卻可以讓功力更深厚喔！

Trick 01 利用現有範本建立新文件

在Word 2010中，提供了更多現成的文件範本，我們若能利用這些文件範本直接套用到我們的新文件中，不但大幅節省作業時間，製作出來的文件感覺也會更專業哦！

⭐1 點選【檔案】→【新增】，從「可用範本」中選取「範例範本」。

操作小撇步

我們也可以直接點選「空白文件」，開啟一份完全空白的文件。

⭐2 接著即可從「範例範本」中，選擇合適的範本，此時右側會顯示範本預覽圖，在預覽圖下方點選「文件」再按下〔建立〕，即會套用所選的範本樣式，建立新的文件。

操作小撇步

按下「自訂快速存取工具列」下方的〔重設〕→【重設所有自訂】，會跳出「刪除此程式的所有功能區與快速存取工具列的自訂」對話盒，按下〔是〕，即可恢復預設的設定內容。

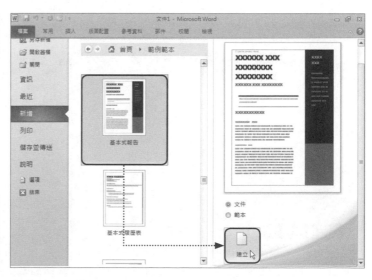

Trick 02 從Office.com範本下載更多文件範本

儘管在Word 2010中提供了近六十種的文件範本,但找來找去就是找不到最合適的文件範本。千萬別氣餒,在「Office.com範本」中,還有成千上百種不同類型的文件範本,等著我們來套用哦!

1 點選【檔案】→【新增】,從「可用範本」中往下拉到「Office.com範本」處,並找到我們想製作的文件類型。

2 從各類型範本中找到合適的範本後,在右側預覽圖下方點選〔下載〕,即會套用所選的範本樣式,建立新的文件。

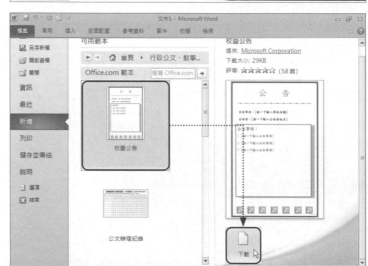

Trick 03 開啟檔案前先預覽文件內容

如果從文件名稱中看不出來是否是我們想編輯的,這時候可以透過預覽文件內容的功能,在開啟檔案之前先預覽文件內容。

1 按下【檔案】→【開啟舊檔】,此時會跳出「開啟舊檔」對話盒,找到要開啟的文件後,按下右上方「檢視」的下拉選單,並從選單中點選【預覽】。

操作小撇步

可以透過快速鍵 F + O 鍵,或前面介紹過的技巧,將「開啟舊檔」工具按鈕新增到「快速存取工具列」中,都可以加快開啟舊檔的速度。

2 接著在對話盒右側，就會出現該文件的預覽情形，這樣子就不必等到開啟檔案後，才能確認是否該檔案為我們要編輯的文件。

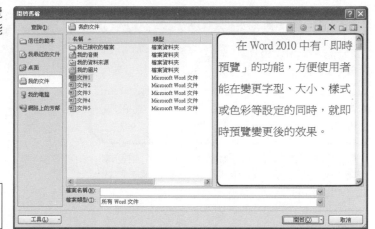

在 Word 2010 中有「即時預覽」的功能，方便使用者能在變更字型、大小、樣式或色彩等設定的同時，就即時預覽變更後的效果。

操作小撇步

若要回復原本的顯示狀態，只要再按一次右上方「檢視」 的下拉選單，並從選單中點選【清單】即可。

Trick 04 一次開啟多個檔案

有時候我們可能需要同時開啟好幾份文件一起進行編輯，如果能學會一次開啟多個檔案的技巧，就可以加速我們開啟檔案的速度哦！

1 按下【檔案】→【開啟舊檔】，跳出「開啟舊檔」對話盒後，先點選要開啟的第一個檔案，然後按住鍵盤上的 Ctrl 不放，再點選其他要開啟的檔案，使其呈反白狀態，最後再按下〔開啟〕，就可以一次開啟多個檔案。

操作小撇步

在選取第二個以上的檔案時，切記要按住 Ctrl 鍵不放，否則只會剩下所選取的最後一個檔案。

Trick 05 將檔案儲存成舊版本也能開啟的格式

雖然已經都推出到Office 2010版本，不過周遭朋友還是有很多人在使用Office 2003或更久的版本，使得這些人無法在舊版本中順利開啟我們編輯的文件。這時候我們可以把文件儲存成舊版本也能開啟的格式，讓大家都能開啟文件。

 1 按下【檔案】→【儲存檔案】。

操作小撇步

可以透過快速鍵 F + S 鍵，或將「儲存檔案」工具按鈕新增到「快速存取工具列」中，兩種方法都能加快儲存檔案的速度。

14

2 打開「另存新檔」對話盒後，選擇要儲存檔案的資料夾，並輸入要儲存的檔案名稱後，按下「儲存類型」的下拉選單，並從選單中選擇【Word 97-2003文件】，再按下〔儲存〕即可。

操作小撇步

只有在第一次對文件進行「儲存檔案」操作時，才會打開「另存新檔」對話盒。Word預設將檔案儲存在「我的文件」中，預設檔案名稱為「Doc1」，預設「儲存類型」為「Word文件」。

Trick 06 將儲存格式預設為「Word 97-2003文件」格式

如果周遭朋友太多人都還是使用舊版本的Word時，我們可以乾脆把Word的文件格式預設值改成舊版本相容的格式，就不必每次存檔時都要特別去變更文件格式了。

1 點選【檔案】→【選項】，並將「Word選項」對話盒切換到「儲存」選項頁面。

操作小撇步

可以透過快速鍵 F+T，或將「Word選項」工具按鈕新增到「快速存取工具列」中，都能加快開啟「Word選項」對話盒的速度。

2 在「儲存」選項頁面中按下「以此格式儲存檔案」旁的下拉選單，選擇【Word 97-2003文件(*.doc)】後按下下方的〔確定〕，即可把文件存檔的預設格式改成舊版本也能開啟的格式了。

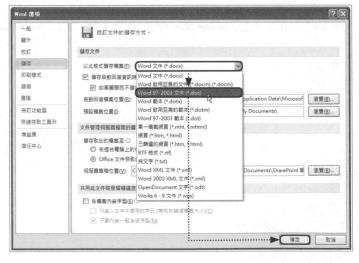

操作小撇步

預設成「Word 97-2003文件(*.doc)」的格式後，有些Word 2010獨特的特殊效果將會無法正確顯現。

15

Trick 07 把檔案儲存到雲端

Office 2010跟上現在最流行的「雲端技術」，可以讓我們把編輯的文件直接存取到網路空間上，如此一來無論何時何地只要連上網路，就能繼續編輯我們的文件，而且也不必擔心電腦硬碟壞掉而文件跟著毀損的慘劇哦！

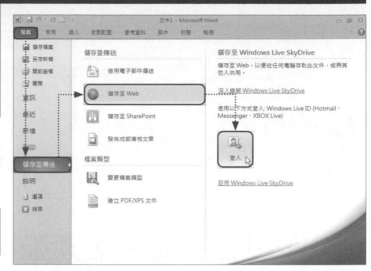

1 文件編輯完成後，點選【檔案】→【儲存並傳送】選項頁面，然後在畫面中間點選「儲存至Web」，並按下右邊的〔登入〕。

操作小撇步

如果沒有Windows Live ID，可以點選下方的「註冊Windows Live」申請一個帳號。

2 接著輸入我們的Windows Live ID帳號、密碼後，勾選「讓我自動登入」並按下〔確定〕，即可登入我們的「One Drive」，選擇要儲存檔案的資料夾後按下〔另存新檔〕，輸入檔名後即按下〔儲存〕即完成。

操作小撇步

儲存在網路上的檔案，還可以設定權限，和他人共同編輯哦！

Trick 08 將文件儲存成PDF檔

很多時候我們不希望自己辛苦完成的文件被人家任意更動，或是希望文件能夠跨平台開啟。這個時候我們需要借助神奇的PDF格式，但是該如何把Word文件變成PDF檔呢？現在直接用Word 2010就能辦到囉！

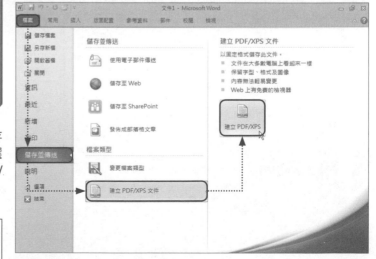

1 文件編輯完成後，點選【檔案】→【儲存並傳送】選項頁面，然後在畫面中間點選「建立PDF/XPS文件」，並按下右邊的〔建立PDF/XPS〕，輸入檔名後按下〔發佈〕即完成。

操作小撇步

也可以在儲存檔案時，在「儲存類型」下拉選單中直接選擇【PDF】。

Trick 09 將常用文件格式存成範本

我們固然可以透過各種範本建立文件，但是如果因為工作或學校報告需求而有特殊格式時，我們也可以把自己辛苦編輯的文件儲存成範本，下次要製作同一格式的新文件時，便能利用範本直接修改唷！

1 開啟要存成範本的文件後，按下【檔案】→【另存新檔】，在「另存新檔」對話盒中按下「檔案類型」旁的下拉選單，然後選取【Word範本】，輸入範本名稱後按下〔儲存〕，即可將此文件儲存為範本文件了。

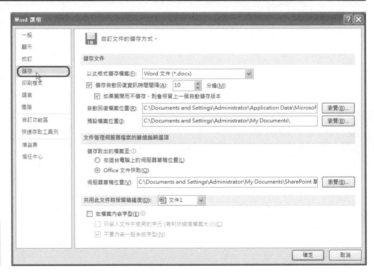

操作小撇步

將檔案以【Word範本】類型進行儲存時，副檔名會自動更改為「.dotx」。

Trick 10 儲存文件中使用的特別字型

明明設定好字型，怎麼到別台電腦字型都不一樣了？其實Word能將字型和文件儲存在一起，讓其他沒有安裝相同字型的電腦，也能看到和我們電腦裡同樣的字型哦！

1 依序點選【檔案】→【選項】，並將「Word選項」對話盒中切換至「儲存」選項頁面。

操作小撇步

也可以在「另存新檔」時點選左下方的〔工具〕→〔儲存選項〕。

2 勾選頁面下方的「在檔案內嵌字型」，並將底下兩個「只嵌入文件中使用的字元」和「不要內嵌一般系統字型」也都一併勾選，最後按下〔確定〕。

操作小撇步

由於中文字型通常在5MB以上，執行本項功能後文件會變得較大，請特別留意。

17

Trick 11 在文件中顯示段落與格式符號

如果希望文件在編輯時,能顯示一些標記及列印選項進行相關設定,如定位字元、空白、段落標記、物件錨點等等,可以自行設定是否顯示這些標記。當然,不管顯示與否,這些標記都不會被列印出來!

⭐1 依序按下【檔案】→【選項】,開啟「Word選項」對話盒後切換到「顯示」選項頁面,接著勾選想要顯示的標記,勾選完畢按下〔確定〕即完成。

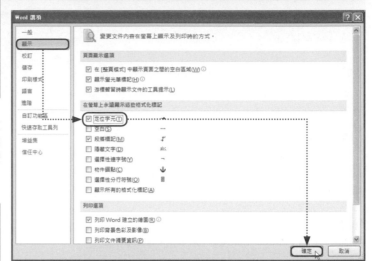

操作小撇步

可以依據個人需求,在「頁面顯示選項」、「在螢幕上永遠顯示這些格式化標記」和「列印選項」三個區塊中,進行相關設定。

Trick 12 設定文件的預設字型

對於經常需要以特定字型編輯Word文件的朋友來說,每次編輯好都還要再手動變更字型,實在很麻煩。其實我們可以自行設定開啟新文件的預設字型,以方便作業哦!

⭐1 開啟一份新文件,先點選【常用】活頁標籤,然後再按下【字型】群組旁的 🔲。開啟「字型」對話盒後,先設定要使用的預設字型,然後按下〔設定成預設值〕。

操作小撇步

按下鍵盤上的 **Ctrl** + **D** 鍵,也可開啟「字型」對話盒。

⭐2 接著會出現「Microsoft Word」對話盒,選擇「以Normal為範本的所有文件」後按下〔確定〕,下次開啟新的文件時,就會使用自行設定的字型預設值了。

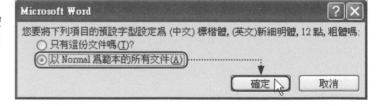

操作小撇步

文件開啟時若同時按下 **Shift** + **F5** 鍵,會跳到文件上次最後編輯的位置。

18

文件編輯必備技巧

在編輯文件的過程中，除了複製、貼上文字等常使用的基本功能外，還有一些實用的技巧，像是善用Office剪貼簿、尋找取代文件中的文字、將文件簡繁體中文互轉……等，一旦學會之後，將使我們在編輯文件時更加順手快速。

Trick 01 快速移動與複製文字

編輯文件時常需要重複輸入相同文字，一般人會用「複製」、「貼上」的方法來複製文字，其實只要用滑鼠輕輕拖曳，也能輕鬆移動或複製文字喔！

⭐① 先選取要複製的文字，然後按住滑鼠右鍵不放，拖曳到目標位置後放開滑鼠右鍵，接著從快速選單中點選【移到這裡】，所選取的文字就會移動到目標位置上；若點選【複製到這裡】，就可以將選取的文字複製到目標位置上。

⚙ 操作小撇步

如果利用【檢視】→「並排顯示」同時顯示兩份文件，還可以將選取的文字進行跨檔案的複製或移動哦！

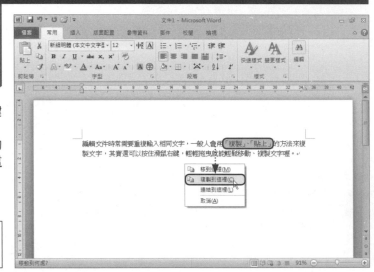

Trick 02 從「剪貼簿」中複製文字

在Word 2010中，剪貼簿的功能一共可以儲存24組文字內容呢！接著趕快來看看如何運用這麼神奇的「剪貼簿」功能吧！

⭐① 在Word剪下或複製資料後，這些資料會儲存在Office剪貼簿中。按下【常用】活頁標籤→「剪貼簿」群組旁的 ，即可開啟Office剪貼簿窗格。

⚙ 操作小撇步

「Office剪貼簿」可儲存來自Word、Excel、PowerPoint、Outlook等Office軟體的資料。

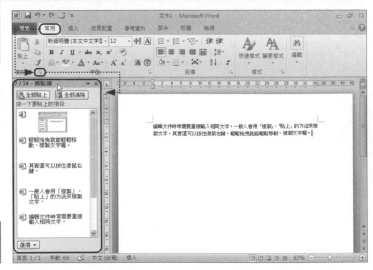

19

2 接著在視窗左邊會出現「剪貼簿」窗格，「6/24」的意思是總共可以儲存24個項目，目前則儲存了6個。可以先將游標移到要複製的位置上，然後再點選「剪貼簿」窗格要複製的項目內容即可貼上。

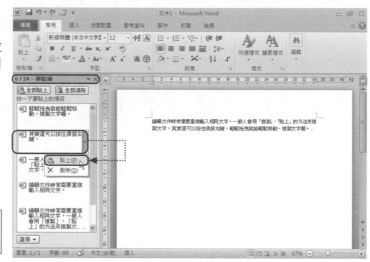

操作小撇步

若想刪除剪貼簿中部分的項目內容，只要在其上按滑鼠右鍵，然後從快速選單中點選【刪除】即可。

Trick 03 複製文字格式

有時為了讓文件的層次結構更一目瞭然，我們會需要對標題文字等進行字型、大小、加粗或顏色等格式上的變化。當我們要在文件其他地方運用相同的文字格式時，可以利用複製的概念，只複製文字的格式，而維持原本的文字內容。

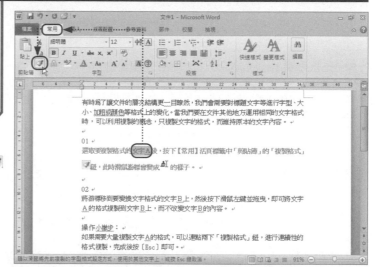

1 選取要複製格式的文字A後，按下【常用】活頁標籤中「剪貼簿」的「複製格式」鈕，此時滑鼠游標會變成的樣子。

2 將游標移到要變換文字格式的文字B上，然後按下滑鼠左鍵並拖曳，即可將文字A的格式複製到文字B上，而不改變文字B的內容。

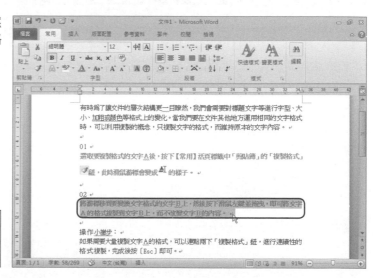

操作小撇步

如果需要大量複製文字A的格式，可以連點兩下「複製格式」鈕，進行連續性的格式複製，完成後按 **Esc** 鍵即可。

Trick 04 尋找檔案中的特定文字

在文件編輯過程中，如果要更改或編輯文件中的特定文字，可以利用「尋找」這項技巧，在文件中找到特定文字後，再來進行編輯。

1 依序按下【常用】→「編輯」→「尋找」，此時左側會出現「導覽」窗格，在底下的方框中輸入要尋找的文字，然後按下〔確定〕鍵。

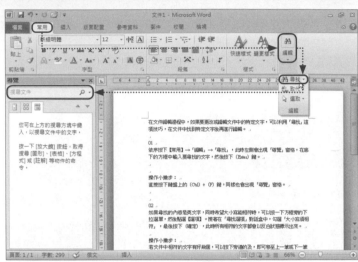

操作小撇步

直接按下鍵盤上的 `Ctrl` + `F` 鍵，同樣也會出現「導覽」窗格。

2 如果尋找的內容是英文字，同時希望大小寫能相符時，可以按一下方框旁的下拉選單），然後點選【選項】。接著在「尋找選項」對話盒中，勾選「大小寫須相符」，最後按下 `Enter` 鍵，此時所有相符的文字，全部都會以反白狀態標示出來。

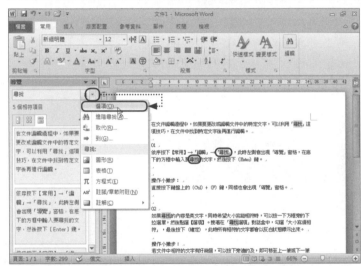

操作小撇步

若文件中相符的文字有好幾個，可以按下旁邊的 ▲ 及 ▼，即可移至上一筆或下一筆搜尋結果。

Trick 05 快速切換到指定的頁面

如果編輯的文件頁數很多時，想要切換到某一頁就會變得很費力。其實不必捲軸一頁頁拉，也能很快地將文件切換到指定的頁面哦！

1 依序點選【常用】活頁標籤→「編輯」群組中「尋找」旁的下拉選單，再從下拉選單中選取【到】，會跳出「尋找及取代」對話盒。

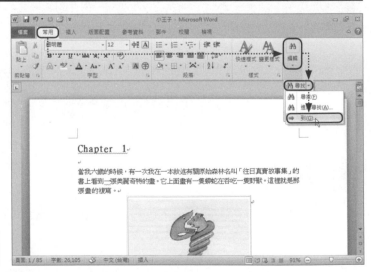

操作小撇步

按下鍵盤上的 `F5` 鍵，也會跳出「尋找及取代」對話盒。

21

將「尋找及取代」對話盒切換到〔到〕活頁標籤，並在下面點選「頁」，然後在「輸入頁碼」方框中，輸入要切換的頁碼後，按下〔到〕，就會立即跳到這一頁。

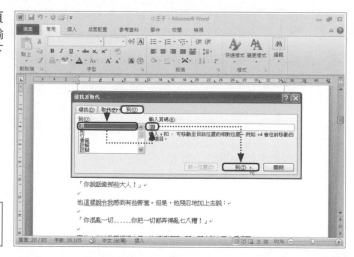

操作小撇步

在頁碼數字前加上「＋」或「－」符號，可以跳到目前頁數的前幾頁或後幾頁。

Trick 06 快速製作項目符號

有時文件內為了讓標題或項目更能吸引人注意，會在每條項目前加上顯眼的項目符號，在Word 2010中，不但能使用一般符號作為項目符號，還可以用圖片來當作項目符號，替文件增色不少喔！

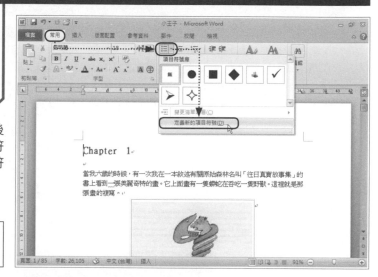

1 將游標移到要加入項目符號的位置，然後按下【常用】→「段落」群組中「項目符號」 旁的下拉選單，並點選【定義新的項目符號】。

操作小撇步

如果要在項目前面加上數字或序號編號，則是按下「項目符號」右邊的「編號」 按鈕。

2 開啟「定義新的項符號」對話盒後，可以選擇要用符號或圖片做為項目符號，依需求選好符號後按下〔確定〕按鈕，即可插入自訂的項目符號。

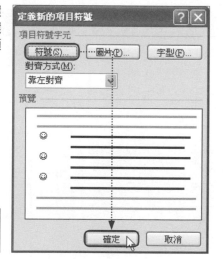

操作小撇步

在「定義新的項符號」對話盒中的「對齊方式」，可調整設定項目符號要靠左、置中或靠右對齊。

Trick 07 幫文字加上注音符號

如果文件的閱讀對象是小朋友，可能需要幫內容文字加上注音符號。在Word 2010中，我們可以很輕易就幫每個文字都加上注音符號哦！

1 選取需要增添注音符號的中文字，接著按下【常用】活頁標籤→「字型」群組中的「注音標示」按鈕。

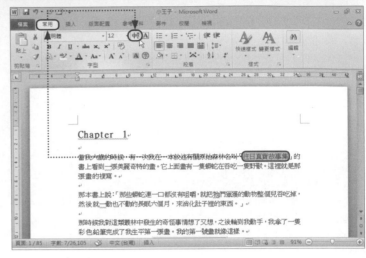

2 在「注音標示」對話盒中會逐字將預設讀音標示出來，如果有破音字或發現預設讀音錯誤的部分，可以進行修改，確認無誤後按下〔確定〕即完成。

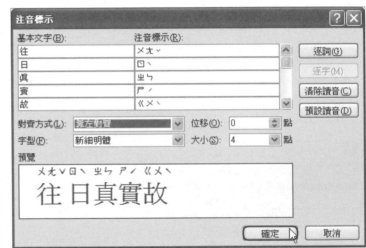

操作小撇步

在「注音標示」對話盒中還可以針對注音符號的對齊方式、位置、字型及大小進行調整，並可在底下的窗格中進行即時預覽。

Trick 08 快速幫文字加上圈圈或方塊

有時為了強調文件中的部分文字，會在文字外圍加上圈圈或方塊，在Word 2010中，也可以很輕鬆地幫文字加上外框。

1 先選取要加上外框的文字，然後按下【常用】活頁標籤→「字型」群組中的「圍繞字元」按鈕，此時會跳出「圍繞字元」對話盒。

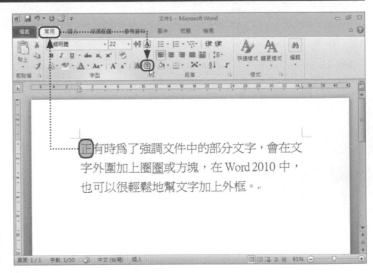

操作小撇步

此功能一次只能選取一個中文字，或是兩個數字或兩個英文字母哦！

23

2 在「圍繞字元」對話盒中，可以選擇外框的樣式，要縮小文字或是保持文字大小而放大外框。另外在「圍繞符號」中可以選擇外框要用圈圈、方框、三角形或菱形，選好後按下〔確定〕即完成。

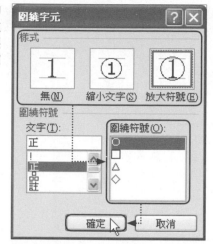

Trick 09　繁簡中文快速轉換

在兩岸三通的年代中，簡體中文已經不時出現在日常生活當中，也很有機會把文件進行繁簡體的轉換。在Word 2010中，不但能幫我們把文字從繁體變簡體，或從簡體變繁體，連不同的用詞也會一併進行轉換。

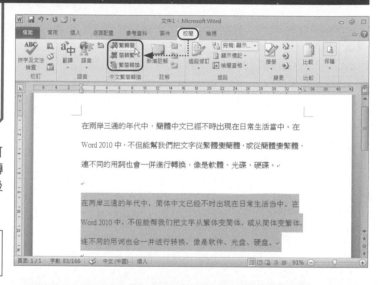

1 開啟文件後，切換至【校閱】活頁標籤，可以在「中文繁簡轉換」群組中的找到「繁轉簡」及「簡轉繁」的按鈕，按下要轉換的按鈕後整份文件馬上就會變成另一種中文版本了。

操作小撇步

若是只要轉換部分文字，可以先選取這些文字後，再按「繁轉簡」或「簡轉繁」。

2 按下「繁簡轉換」按鈕後會出現「中文繁簡轉換」對話盒，按下其中的〔自訂字典〕，還可以新增要轉換的常用詞彙。

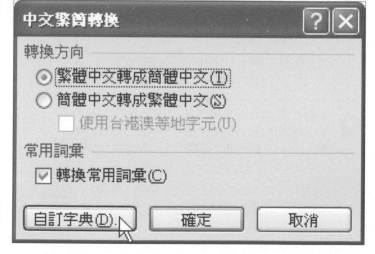

操作小撇步

若同時有多筆詞彙要新增，可以利用下面的〔匯入〕、〔匯出〕進行批次的新增。

Trick 10　快速輸入各種方程式

在舊版本的Word中，最頭痛的莫過於要在文件中輸入數學運算的方程式了。在Word 2010中，新增了插入方程式的功能，管它再千奇百怪的方程式，也都保證難不倒！

1 切換至【插入】活頁標籤，並在「符號」群組中按下「方程式」按鈕。

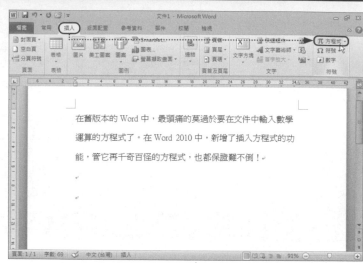

2 此時會出現【方程式工具】活頁標籤，並且有各式的方程式格式、符號及排列型式等，幾乎所有型式的方程式都可以利用點選的方式編輯出來。

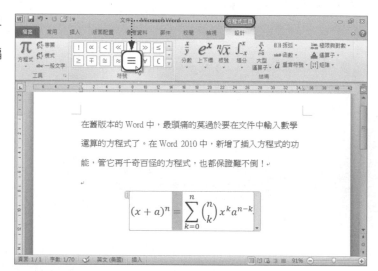

延伸學習：重要快速鍵重點提示

功能	快速鍵	功能	快速鍵
選取整份文件	Ctrl + A	剪下	Ctrl + X
快速輸入粗體字	Ctrl + B	複製	Ctrl + C
快速輸入斜體字	Ctrl + I	貼上	Ctrl + V
快速輸入文字底線	Ctrl + U	靠左對齊	Ctrl + L
快速縮小字型	Ctrl + ,	置中	Ctrl + E
快速放大字型	Ctrl + .	靠右對齊	Ctrl + R
快速插入版權符號©	Ctrl + Alt + C	左右對齊	Ctrl + J
快速插入商業符號®	Ctrl + Alt + R	分散對齊	Ctrl + Shift + J
快速插入公司符號™	Ctrl + Alt + T	顯示/隱藏編輯標記	Ctrl + 8

25

Chapter 4 版面設定技巧

一份美觀的文件，除了要有精采的內容，合適的字型、字距、行距等版面設定也是相當重要的。Word在這部分的設定，即使是初學者也可以輕鬆學得會，馬上製作出精美又專業的文件。除了基本設定外，還有一些好用的技巧，例如首字放大、一頁多欄、製作目錄，加上封面、加上浮水印、製作稿紙樣式……等等，都可以幫文件變得更專業喔！

Trick 01 替文字或段落加上外框

有時候在文件中，幫部分的文字四周加上外框或網底色彩，都可以使這些文字更加突顯醒目呢！

⭐**1** 先選取要加上外框的文字或段落，然後依序按下【常用】活頁標籤→「段落」群組中「框線」按鈕旁的下拉選單，並從下拉選單中點選【框線及網底】。

🔧 **操作小撇步**

點選下方的〔水平線〕，可以在文件中插入各式各樣的水平分隔線。

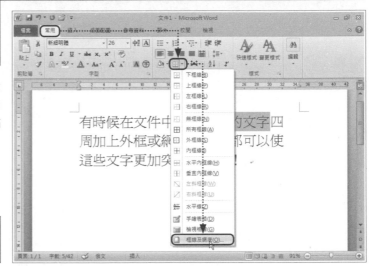

⭐**2** 此時會跳出「框線及網底」對話盒，在〔框線〕活頁標籤中，即可從「設定」方塊中點選框線樣式。另外，也可以分別在「樣式」、「色彩」、「寬」旁的下拉選單中，選取框線的樣式、色彩及寬度。

🔧 **操作小撇步**

在預覽窗格中可以即時預覽框線設定後套用的結果。

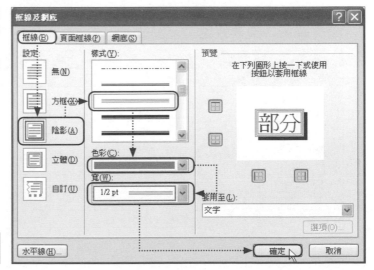

⭐**3** 如果要移除外框,只要在〔框線〕→「設定」中點選「無」,再按下〔確定〕即可。

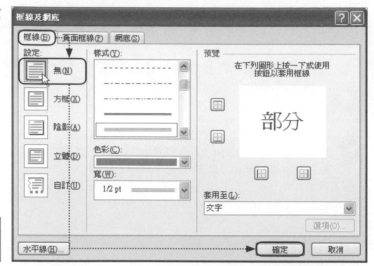

⚙️ **操作小撇步**

在「套用至」下拉選單中,可以選擇外框要套用在選取文字或是整個段落上。

Trick 02 替文字或段落加上網底

除了幫文字或段落加上外框,另一個突顯文字的技巧就是幫文字或段落加上各種顏色的網底。

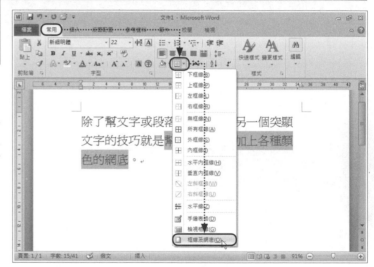

⭐**1** 先選取文字或段落後,依序按下【常用】活頁標籤→「段落」群組中「框線」下拉選單→【框線及網底】選項,開啟「框線及網底」對話盒。

⭐**2** 切換至〔網底〕活頁標籤,即可在「填滿」下拉選單選取網底的顏色,「網底」中選取網底的樣式及色彩,在右側預覽窗格中可以預覽設定的效果,完成後按下〔確定〕即完成。

⚙️ **操作小撇步**

如果要移除網底效果,則是在「填滿」中選擇「無色彩」即可。

27

Trick 03　設定文件首字放大

將段落的第一個字放大，以突顯一篇文章的開始，這種效果常用於報紙或雜誌，在 Word 2010中也可以輕鬆製作出這樣的效果喔！

1 將游標移到該段落上，點選【插入】活頁標籤→「文字」群組中的「首字放大」按鈕，從下拉選單中點選【繞邊】或【靠邊】兩種排列方式即可。

操作小撇步

從下拉選單中點選【首字放大選項】，還可以針對「字型」、「放大高度」及「與文字距離」進行個別調整。

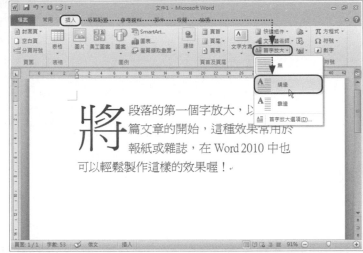

Trick 04　自動產生頁首及頁尾

有時我們會希望一份文件中，在每一頁頁首或頁尾的地方加上一些說明文字，像是文章標題、作者或是頁碼等，當然，聰明的Word 2010是不會讓我們一頁一頁逐頁添加這些資訊的。

1 點選【插入】活頁標籤→「頁首及頁尾」群組中的「頁首」按鈕，然後在下拉選單中選擇合適的頁首樣式。

操作小撇步

如果找不到合適的頁首樣式，還可以點選【來自於 Office.com的其他頁首】找到更多的頁首樣式，或是點選【編輯頁首】，自行編輯設定頁首格式。

2 進入頁首編輯狀態後，可以直接在「輸入文字」方框中輸入固定文字，或是利用「頁首及頁尾工具」的【設計】活頁標籤，插入各項參數。編輯完成後，按下「關閉頁首及頁尾」或者 Esc 鍵，即可看到文件每一頁都加入了設定的頁首或頁尾。

操作小撇步

按下「頁首及頁尾工具列」上的「移至頁尾」按鈕，可以切換到頁尾編輯模式。

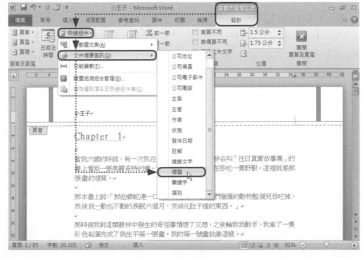

Trick 05 讓奇偶數頁的頁首、頁尾不同

學會製作頁首頁尾的技巧，接著來看看更進階的，讓文件中奇數頁和偶數頁的頁首、頁尾顯示不同的內容，可以讓文件列印出來時感覺更專業哩！

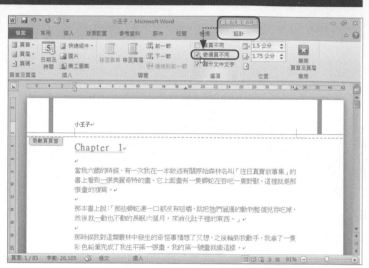

1 依上一個Trick的方式進入頁首編輯狀態後，在「頁首及頁尾工具」的【設計】活頁標籤中，勾選「奇偶頁不同」，再按下〔確定〕，就可以針對奇數頁和偶數頁，進行不同的頁首頁尾編輯了。

操作小撇步

如果希望首頁的頁首頁尾也不同，則勾選「首頁不同」。

Trick 06 在文件中加入頁碼

當製作的文件頁數一多時，為了避免在列印裝訂時，文件的前後順序搞混，最好能在文件中加入頁碼，以方便辨識。

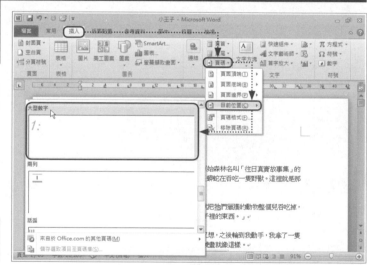

1 依序按下【插入】活頁標籤→「頁首及頁尾」群組中的「頁碼」按鈕，在下拉選單中依頁碼置放的位置，選擇合適的頁碼樣式。

操作小撇步

如果找不到合適的頁碼樣式，還可以點選【來自於Office.com的其他頁碼】。

2 在選單中點選【頁碼格式】，除了可以設定頁碼的「數字格式」外，還可以設定「起始頁碼」要從第幾頁開始。

操作小撇步

在下拉選單點選【移除頁碼】，可以把設定好的頁碼移除掉。

29

Trick 07 快速製作浮水印

有時為了強調文件的機密性或緊急性，會在文件蓋上浮水印，這種特殊的浮水印效果，在Word 2010中只要輕輕用滑鼠點個兩下，就可以輕鬆製作出來。

1 開啟文件後，依序點選【版面配置】活頁標籤→「頁面背景」群組中的「浮水印」按鈕，即可從下拉選單中選取內建的浮水印樣式。

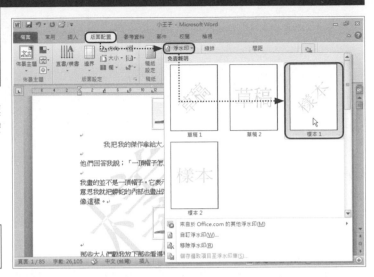

操作小撇步

也可以在下拉選單中點選【來自於Office.com的其他浮水印】，尋找更多的浮水印樣式。

2 另外還可以在下拉選單中點選【自訂浮水印】，並從「列印浮水印」對話盒中點選「圖片浮水印」或「文字浮水印」，然後進行浮水印的相關設定，設定好之後按下〔確定〕按鈕即完成。

操作小撇步

為了避免列印時浮水印對文件的內文產生閱讀上的干擾，最好選擇淺一點的色彩，以及避免太複雜的圖片。

Trick 08 調整文字之間的距離

有時候將文字之間的距離調寬一點，可以使文件看起來更清爽易讀。接著看看在Word 2010中，如何調整文件中文字之間的距離，讓整篇文章看起來更順眼。

1 首先，將要設定的文字選取起來，然後按下【常用】活頁標籤→「字型」群組旁的 圖示，此時會開啟「字型」對話盒。

操作小撇步

按下 Ctrl + D 鍵或在選取的文字上按一下滑鼠右鍵，從快速選單中點選【字型】，都可以開啟「字型」對話盒。

2 將「字型」對話盒切換至〔進階〕活頁標籤，按下「間距」下拉選單，選擇要加寬或緊縮文字間距。接著在「點數設定」空白框中設定要加寬或緊縮的點數後，按下〔確定〕按鈕即完成。

操作小撇步

必須先選取文字，才能進行「字元間距」的設定。

Trick 09 調整段落文字行距

除了文字間的距離外，每行之間文字距離的調整，也是文件是否容易閱讀的關鍵之一，接下來趕緊瞧瞧在Word 2010中如何調整段落間的行距。

1 首先將游標移到要調整行距的段落上，按下【常用】活頁標籤→「段落」群組旁的 圖示，開啟「段落」對話盒。

操作小撇步

從選取文字的右鍵快速選單中點選【段落】，也可以開啟「段落」對話盒。

2 在「段落」對話盒中的【縮排與行距】活頁標籤中，即可在「段落間距」的「行距」下拉選單中選擇行距，完成後按下〔確定〕按鈕即完成。

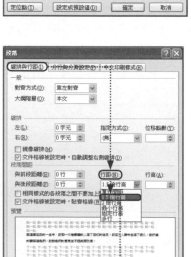

操作小撇步

按下【常用】活頁標籤→「段落」群組的「行距與段落間距」 圖示，也可以從下拉選單中選擇不同的行距。

Trick 10　快速調整段落間距

調整行距除了前述的方法外，不需要開啟「段落」對話盒，也可以利用快速鍵迅速調整文字行距哦！

調整行距的快速鍵

快速鍵	效果
Ctrl + 1	1倍行距
Ctrl + 2	2倍行距
Ctrl + 5	1.5倍行距

※如果按右側數字鍵盤上的 1，則不會產生設定的效果。

操作小撇步

如果按鍵盤上的 Ctrl + 0 鍵與前一段落的距離就會增加為12點，再按一次 Ctrl + 0 鍵，就會恢復回原來的段落間距。

Trick 11　讓整段文字換行不換段落

有時想在Word 2010中換行輸入，但仍維持與上一行是同一個段落，這樣不但可以保留同段落的格式，還能達到換行的效果，現在來看看該怎麼做。

1 先將文字輸入游標移到準備分行的位置，然後按住鍵盤上的 Shift 鍵不放，再按下 Enter 鍵，最後同時放開這兩個按鍵。游標就會移動到下一行，而且前一行的結尾符號是 而非 ，表示兩段文字仍屬於同一個段落的文字。

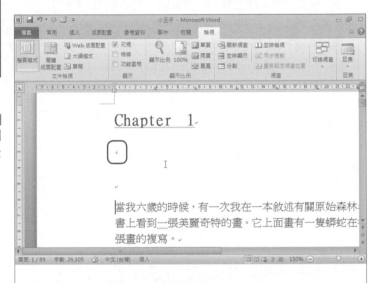

Trick 12　快速輸入水平分隔線

製作文件如果需要輸入水平分隔線時，可以運用這個技巧快速畫出一條漂亮的水平分隔線哦！

1 在文件一行起始處，輸入「---」（三個減號）然後按下 Enter 鍵，即會出現一條漂亮又整齊的水平分隔線。另外，輸入「＊＊＊」或「＝＝＝」，也都會出現不同樣式的分隔線。

操作小撇步

也可以利用「框線及網底」對話盒左下方的〔水平線〕按鈕，尋找更多樣式的水平線。

Trick 13 每頁固定字數與行數

有時為了更精準地進行版面編排，會希望
文件每一行都有固定字數，每一頁也都能
有固定的行數。Word 2010中也能輕易進
行這樣的設定哦！

1 依序按下【版面配置】活頁標籤→「版面設
定」群組旁的 圖示，開啟「版面設定」對
話盒並切換至〔文件格線〕活頁標籤，點選「指
定行與字元的格線」選項。

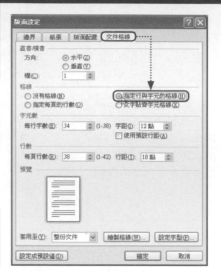

操作小撇步

設定文件中每行的字數以及每頁的行數。超過每行字數
時，Word會自動換行，超過每頁行數時，則會自動換
頁。

2 分別在「每行字數」和「每頁行數」方框
中，設定每行的字數和每頁的行數，設定好
按下〔確定〕即完成。

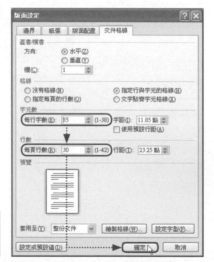

操作小撇步

設定「每行字數」和「每頁行數」時，「字距」和「行
距」也會跟著自動調整。

Trick 14 快速換頁及分頁

有時為了章節所需，下一個段落要換到下
一頁時，你是一直按鍵盤上的〔Enter〕來
換頁嗎？那樣的方法太遜了！趕快來看看
要如何快速另起新的一頁吧！

1 先將游標移到要分頁的段落文字處，接著按
住鍵盤上的 Ctrl + Enter 鍵，此時游標就會切換
到下一頁，同時在前一頁也會出現分頁符號。

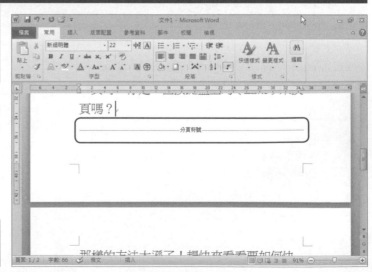

操作小撇步

點選【插入】活頁標籤→「頁面」群組中的「分頁符
號」 分頁符號 按鈕，也可以快速換頁及加上分頁符號。

33

Trick 15　讓段落不被分頁隔開

有時我們不希望同一個段落的文字內容，被自動分頁功能攔腰截斷拆成兩頁，而影響閱讀的流暢性。此時我們可以利用Word 2010內建的功能，確保整個段落顯示在同一頁。

1 將游標移動到該段落，依序點選【常用】→「段落」群組旁的圖示，開啟「段落」對話盒後切換至【分行與分頁設定】活頁標籤，勾選「段落中不分頁」再按下〔確定〕，即可讓整個段落顯示在同一頁中。

操作小撇步
若勾選此功能的段落，有設定每頁固定行數，將可能使每頁行數無法固定。

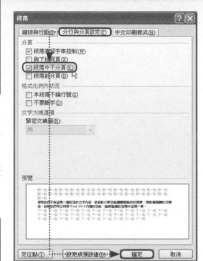

Trick 16　讓下個段落擠進同一頁

除了同一段落不分頁外，如果希望下一個段落也能在同一頁中呈現的話，也有簡單的設定，可以達到這樣的效果哦！

1 將游標移到該段落後，依序點選【常用】→「段落」群組旁的圖示，開啟「段落」對話盒後切換至【分行與分頁設定】活頁標籤，然後勾選「與下段同頁」，再按下〔確定〕，這個段落就會與下個段落在同一頁了。

操作小撇步
若勾選「段落前分頁」選項，可將這個段落強迫分頁至下一頁的開頭。

Trick 17　套用Word現成的樣式

使用樣式最簡單的方法，就是直接套用Word 2010所提供的各種樣式。尤其在製作長篇文件時，使用樣式將可以使文件的層次更為分明。

1 將游標移到要套用樣式的段落中，然後在【常用】活頁標籤下「樣式」群組中的「樣式」下拉選單中選取合適的樣式即完成。

操作小撇步
當游標移到選單的不同樣式上，都可以即時預覽套用後的效果。

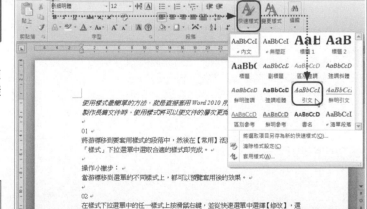

2 在樣式下拉選單中的任一樣式上按滑鼠右鍵，並從快速選單中選擇【修改】，還可以在「修改樣式」對話盒中，對樣式進行各項微調後再套用。

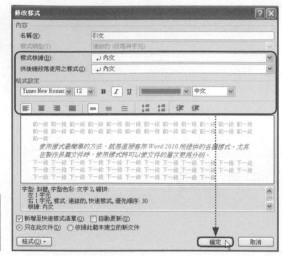

操作小撇步

若希望調整後的樣式能套用在其他文件上，可以勾選「新增至快速樣式清單」，並點選「依據此範本建立的新文件」。

Trick 18 製作多欄文件

報紙或雜誌的版面常是分成兩欄或三欄以上，在Word 2010裡也可以輕易地製作出這種分欄的版面喔！

1 依序點選【版面配置】活頁標籤→「版面設定」群組中的「欄」按鈕，即可在下拉選單中依照需要，選取合適的欄位數。

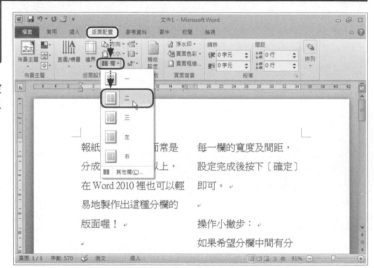

2 此外，點選下拉選單的【其他欄】，開啟「欄」對話盒，還可以自行輸入欄位數，並可以自訂每一欄的寬度及間距，設定完成後按下〔確定〕即可。

操作小撇步

如果希望分欄中間有分隔線，可勾選「分隔線」。

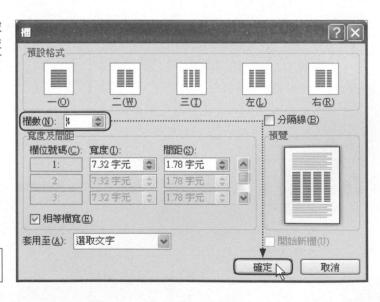

Trick 19 快速製作文件目錄

當一份文件的頁數很多時，若能製作目錄將會對閱讀文件有所幫助。如果文件中我們善用同樣的樣式來區隔標題與內文，那麼要製作目錄就會變得很簡單。

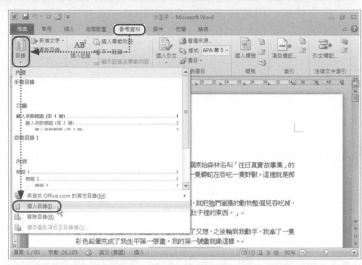

1 將游標移到文件的最前面，然後依序點選【參考資料】活頁標籤→「目錄」群組中的「目錄」按鈕，並在下拉選單點選【插入目錄】，此時會跳出「目錄」對話盒。

操作小撇步

亦可從下拉選單中選取合適的目錄格式套用。

2 在「目錄」對話盒中，可以從「格式」下拉選單中選取不同風格的目錄格式，接著在「顯示階層」中設定要製作的目錄階層，再按下〔確定〕即可。

操作小撇步

目錄製作完成後因文件內容修改而產生頁碼或標題更動時，可以點選一下目錄，然後在上方找到「更新目錄」按鈕，即可快速變更目錄內容。

Trick 20 插入封面頁

一份完整的文件，除了內容、目錄、頁碼外，一個美觀的封面往往能幫文件畫龍點睛。在Word 2010中提供了數十種封面頁可供選擇，只要加上一些封面的說明內容，就可以讓文件更完美。

1 依序點選【插入】活頁標籤→「頁面」群組中的「封面頁」按鈕，即可從下拉選單中找到各式封面頁樣式。

操作小撇步

點選【來自於Office.com的其他封面】可以找到更多的封面樣式。

② 點選要套用的封面頁樣式後，即可根據各設定欄位，直接在欄位中輸入各項資訊文字。

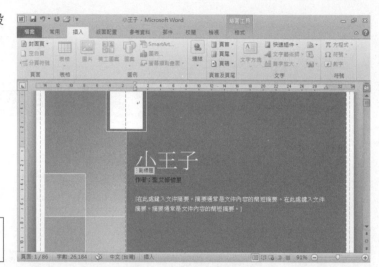

操作小撇步

將游標移至左上角時會變成，此時按住滑鼠左鍵拖曳即可調整整個文字方塊的位置。

Trick 21 製作寫作用的稿紙

在新版Word 2010中，提供了「稿紙設定」模式，可以讓我們輕鬆做出稿紙一樣的效果，方便進行文字的統計哦！

① 點選【版面配置】→「稿紙設定」，開啟「稿紙設定」對話盒後，即可根據各項格式需求進行調整，設定好後按下〔確認〕。整個Word頁面配置就會像作文時所使用的稿紙一樣，可以直接在稿紙上輸入文字了。

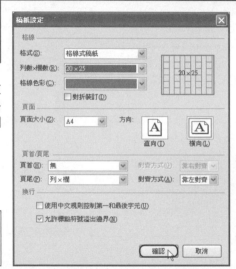

操作小撇步

如果想變更稿紙格式，只要再開啟「稿紙設定」對話盒，從【格式】下拉選單中點選欲設定的稿紙格式即可。

Trick 22 快速計算文件字數

有時編輯的文件受到篇幅限制，文件長度希望能控制在某一範圍內。這時我們可以利用Word 2010內建的字數統計，迅速計算出目前文件的字數是多少。

① 依序點選【校閱】活頁標籤→「校訂」群組中的「字數統計」按鈕，即會立刻跳出「字數統計」對話盒，顯示整份文件的頁數、字數、字元數、段落數及行數等多項統計數據。

字數統計

統計：

頁數	85
字數	26,105
字元數 (不含空白)	27,278
字元數 (含空白)	27,542
段落數	1,140
行數	2,144
半形字	258
全形字	25,847

☑ 含文字方塊、註腳及章節附註(F)

〔 關閉 〕

操作小撇步

在文件的左下角也有簡易的字數統計，按下去也會跳出「字數統計」對話盒。

圖片與表格編輯技巧

一份堆滿文字的文件或報告，很容易讓人覺得枯燥乏味。如果能在文件中加入圖片、想辦法讓標題文字有些變化、加入表格以條列方式表現資訊，或繪製流程圖來述說程序步驟…等，以圖文配合的版面呈現，將使文件更具可看性，達到圖文並茂的效果哦！

Trick 01　插入基本圖案

如果想在文件中加入圖案，但是自己又不會畫，可以利用Word 2010內建簡單的快取圖案，增添文件的精采度。

1 依序按下【插入】活頁標籤→「圖例」群組中的「圖案」按鈕，然後在圖案下拉選單中點選快取圖案的種類。

操作小撇步

點選快取圖案後，在文件中按一下滑鼠左鍵，即會插入Word預設大小的快取圖案。

2 接在文件中先按住滑鼠左鍵不放，然後拖曳出合適的快取圖案大小，最後放開滑鼠左鍵即完成，插入後的快取圖案還是可以任意調整圖案的位置及大小。

操作小撇步

若希望快取圖案長寬比能按等比例縮放，可在拖曳時同時按住鍵盤上的 Shift 鍵。

Trick 02 改變快取圖案外型

如果對於預設的快取圖案不是那麼滿意，可以進行簡單的修改，把原本制式的圖案變成獨一無二的特殊形狀哦！

1 利用前面的方式插入快取圖案後，切換到「繪圖工具」的【格式】活頁標籤中，點選「插入圖案」群組中的「編輯圖案」 ▨ 按鈕，並從下拉選單中點選【編輯端點】。

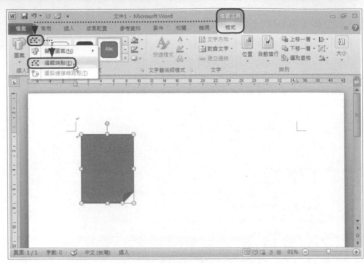

2 此時快取圖案的端點部分都會出現黑點，將游標移至黑點上會變成 ✥ 的形狀，按住滑鼠左鍵不放即可任意拖放黑點的位置，改變圖案的形狀。

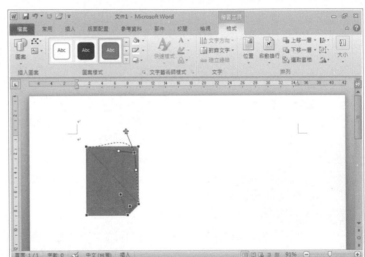

操作小撇步
在任一端點上按一下滑鼠右鍵，還可以從快速選單中新增或刪除端點。

Trick 03 變更快取圖案樣式

除了變更圖案外型，還能對快取圖案進行填色、加框、陰影、光暈、柔邊或立體化等各種加工，讓原本單調的快取圖案看起來更變化性。

1 先選取圖案，然後到「繪圖工具」的【格式】活頁標籤中，點選「圖案樣式」下拉選單，即可迅速調整快取圖案的樣式，將圖案填滿色彩並加上外框。

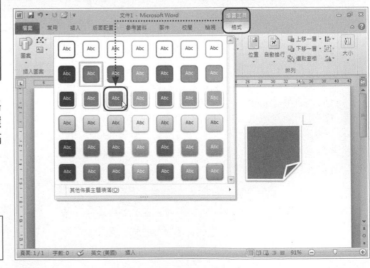

操作小撇步
若要改變外框色彩，可先選取圖案，然後按下「圖案外框」，再從選單中點選想要的顏色即可。

39

2 按下「圖案效果」 按鈕，可從下拉選單中看到【陰影】、【反射】、【光暈】、【柔邊】、【浮凸】及【立體旋轉】等不同效果的子選單，點選想要套用的效果後即完成。

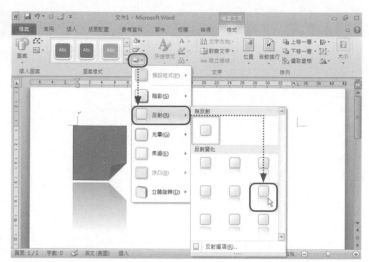

操作小撇步

在各種效果的子選單中，還可以點選最下方的【××選項】，進行更多細節的調整。

Trick 04 在圖案中增加文字

加入的快取圖案，不但可以改變外型加入效果，還可以在圖案中加入文字，用文字來輔助說明，達到圖文並茂的效果。

1 在快取圖案上按一下滑鼠右鍵，從快速選單中點選【新增文字】，當圖案中會出現文字輸入游標，就可以在圖案中直接輸入文字。

操作小撇步

按下「繪圖工具」中的「編輯文字」按鈕後，也可以直接編輯圖案中的文字。

Trick 05 插入電腦中的圖片檔案

在編輯文件的時候，也許已經準備好喜歡的圖片，這時候我們可以利用從檔案加入圖片的方式，將自己準備的圖片加入文件中。

1 依序點選【插入】活頁標籤→「圖例」群組中的「圖片」按鈕，開啟「插入圖片」對話盒後，切換到圖片檔案所在的資料夾，點選圖片檔案名稱後，再按下〔插入〕，就可以在文件中加入自己喜歡的圖片檔案了。

操作小撇步

依序點選【插入】活頁標籤→「圖例」群組中的「美工圖案」按鈕，即可加入美工圖案。

Trick 06 螢幕擷取畫面

如果需要擷取螢幕的畫面做為說明時,以往都要另外安裝擷圖軟體才行。在Word 2010中竟然佛心來著新增了螢幕擷圖的功能,這麼好康的功能豈能錯過呢?

1 依序點選【插入】活頁標籤→「圖例」群組中的「螢幕擷取畫面」按鈕,在下拉選單的「可用的視窗」中會顯示目前系統開啟的作業視窗,點選想要的視窗即會擷取整個視窗畫面至Word文件中。

2 若只要擷取部分畫面,則點選「螢幕擷取畫面」按鈕下拉選單的【畫面剪輯】按鈕,此時Word作業視窗會縮至最小,接著其他視窗畫面會刷淡,同時游標變成十字狀 ,按下滑鼠左鍵並拖曳即可擷取視窗中部分的畫面了。

操作小撇步

記得把要進行「畫面剪輯」的作業視窗移至Word的下一層。

41

Trick 07 幫圖片製作特殊效果

Word 2010除了包下螢幕擷取的功能外,一些繪圖軟體中簡單的影像處理特效,可也都難不倒它,真是愈來愈超過了。

1 點選圖片後,切換到「圖片工具」的【格式】活頁標籤,點選「調整」群組中的「美術效果」按鈕,即可從下拉選單中預覽各式各樣的美術效果,點選合適的效果即可套用。

操作小撇步

也可以在下拉選單的【美術效果】選項中進行各項效果的微調。

2 另外，點選「圖片樣式」群組中的「快速樣式」按鈕，可以從下拉選單中挑選合適的圖片外框樣式進行套用。

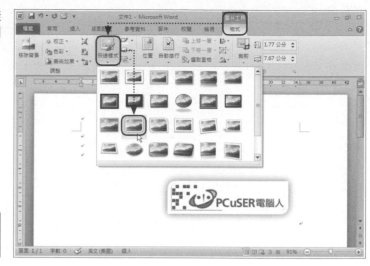

操作小撇步
將游標放在快速樣式上，也能在文件中即時預覽套用後的結果。

3 按下「圖片樣式」群組中的「圖案效果」按鈕，則是能從下拉選單中看到【陰影】、【反射】、【光暈】、【柔邊】、【浮凸】及【立體旋轉】等不同效果的子選單，點選想要套用的效果後即完成。

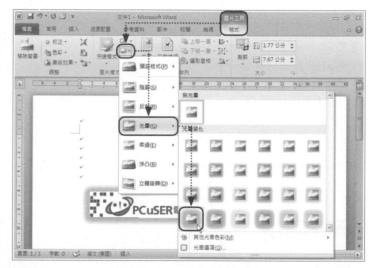

操作小撇步
將游標放在快速樣式上，也能在文件中即時預覽套用後的結果。

Trick 08 幫圖片去背

沒錯！以往必須動用Photoshop或PhotoImpact這種重量級影像處理軟體才能處理的圖片去背效果（把圖片中的背景移除，只擷取主體的部分），如今在Word 2010裡，也可以輕鬆做到囉！

1 在文件中選取要進行去背的圖片後，切換到「圖片工具」的【格式】活頁標籤，按下「調整」群組中的「移除背景」按鈕。。

操作小撇步
去背後的圖片，仍可利用前一個技巧的各種特殊效果做更豐富的變化。

42

2 此時會出現【背景移除】活頁標籤，並自動將圖片背景的部分以粉紅色遮罩遮住。如果背景選取不夠完整，可以按下「標示區域以保留」或「標示區域以移除」加以調整，完成後按下「保留變更」即可。

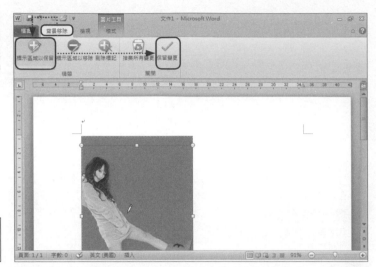

操作小撇步

可惜只能在Word文件中呈現這些去背或套用的特殊效果，無法針對加工過的圖片單獨進行存檔。

Trick 09 幫圖片剪裁特殊外型

除了去背之外，Word 2010還可以幫圖片的外框，裁剪成特殊的形狀。搭配前面介紹過的各項特殊效果，保證能製作出最炫的圖片。

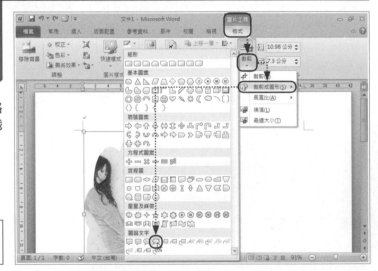

1 選取圖片後，切換到「圖片工具」的【格式】活頁標籤，按下「大小」群組中的「裁剪」下拉選單，並選取其中的【裁剪成圖形】，即可從子選單中挑選要裁剪的造型。

操作小撇步

在「大小」群組中，若是按到〔剪裁〕上方的 ▣ 按鈕，則只能進行一般的圖片剪裁動作。

Trick 10 利用SmartArt製作各種流程圖

在Word 2010中有一項「SmartArt」圖形的功能，我們可利用這項功能快速繪製流程圖、階層圖、清單、關聯圖等，增加文件的閱讀性。

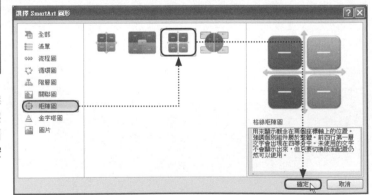

1 依序點選【插入】活頁標籤→「圖例」群組中的「SmartArt」按鈕，開啟「選擇SmartArt圖形」對話盒後，在左側點選圖形類別後，再從中間的清單中點選適合樣式，選好後按下〔確定〕。

操作小撇步

在中間選取樣式時可在對話盒右側預覽。

②　返回文件後，即可在圖形的方框中輸入各項文字。點選「SmartArt工具」的【設計】活頁標籤，還可以在「SmartArt樣式」下拉選單中改變圖形的樣式，或用「變更色彩」改變預設的配色。

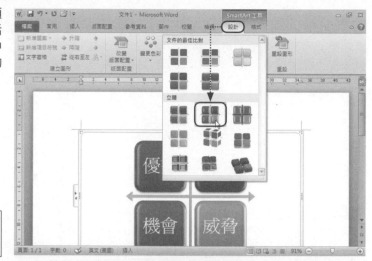

操作小撇步

按下【設計】活頁標籤中的「重設圖形」，可恢復成預設的圖形樣式。

44

Trick 11　幫文件中的圖片瘦身

當一份文件插入太多圖片，有時會讓檔案變得過大。這個時候我們需要利用內建的功能，幫文件裡的圖片進行瘦身，讓檔案大小變小。

①　選取文件中的任何一張圖片後，切換到「圖片工具」的【格式】活頁標籤，接著在「調整」群組中按下「壓縮」，取消勾選「只套用到此圖片」，接著選取合適的目標輸出品質後按下〔確定〕，存檔時就會發現檔案變小了。

操作小撇步

列印品質高於螢幕品質，螢幕品質又高於電子郵件品質，相對的品質愈高檔案也會愈大。

Trick 12　加入文字方塊

有時我們會想把某些文字放在特定的位置，無奈Word中的文字似乎不能像圖片那樣可以任意移動位置，這時候我們就需要藉由「文字方塊」的協助。

①　依序點選【插入】活頁標籤→「文字」群組中的「文字方塊」按鈕，然後從下拉選單中選取想加入的文字方塊型式，待文字方塊出現後就可以直接輸入文字。

操作小撇步

點選文字方塊四周的控制點，可以調整文字方塊的大小；點選邊框可以任意移動文字方塊的位置。

2 選取文字方塊,並在「繪圖工具」的【格式】活頁標籤中進行文字方向、對齊方式、外框樣式及文字樣式的變更。

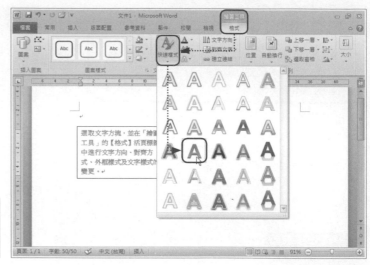

操作小撇步

若要去除文字方塊的外框,可以點選【格式】活頁標籤的「圖案外框」 按鈕旁的下拉選單,並選取【無外框】即可。

Trick 13 利用文字藝術師製作藝術字

文字藝術師比一般文字的變化更多,所以通常用來製作文件的標題,透過文字藝術師所做的文字效果,可以替整份文件增色不少喔!

1 選取要製作文字效果的文字,然後依序點選【插入】活頁標籤→「文字」群組中的「文字藝術師」按鈕,在下拉選單中選取喜愛的文字藝術師樣式。

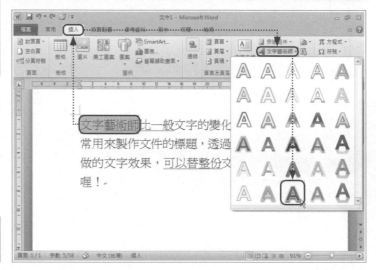

操作小撇步

也可以直接按「文字藝術師」按鈕,再輸入要製作特效的文字。

2 接著即可在「繪圖工具」的【格式】活頁標籤中,進行「外框」、「底色」、「圖案效果」或「文字效果」等效果變換。

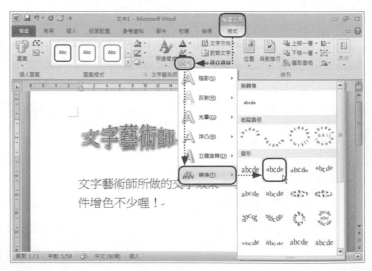

操作小撇步

在「文字效果」下拉選單的「轉換」子選單中,可以將文字進行各種花俏的變形。

45

Trick 14 快速建立表格

在Word 2010中同樣提供了快速建立表格的方法，直接透過滑鼠的拖曳，就能快速繪出所需的表格。

1 依序點選【插入】活頁標籤→「表格」群組中的「表格」按鈕，從下拉選單拖曳滑鼠選取要製作的表格大小。此時文件中可預覽表格內容，確定後再按一下滑鼠左鍵。

操作小撇步

如果製作的大小超過「10x8」，就必須在下拉選單點選【插入表格】，然後從「插入表格」對話盒中設定「欄數」與「列數」的方式來製作。

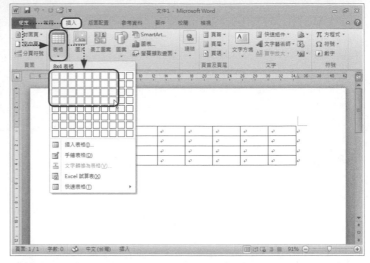

2 表格插入後，可以直接在「表格工具」的【設計】活頁標籤中，從「表格樣式」下拉選單選擇要套用的樣式，將使表格更美觀。

操作小撇步

在【插入】活頁標籤→「表格」群組→「表格」按鈕的下拉選單中，選擇【快速表格】還可以迅速插入像是行事曆等預設型式的表格。

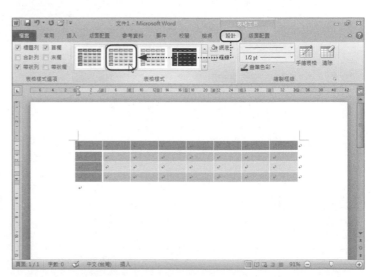

Trick 15 善用快速鍵切換表格欄位

在編輯表格的時候，我們可以透過下面的快速鍵來切換表格欄位，這樣就不需要透過滑鼠點選，可加快操作的時間喔！

切換表格欄位快速鍵

快速鍵	說明
Tab	移動到下一個儲存格
Shift + Tab	移動到前一個儲存格
Alt + Home	移動到該列第一個（最右邊）儲存格
Alt + End	移動到該列最後一個（最左邊）儲存格
Alt + Page Up	移動到該欄第一個（最上方）儲存格
Alt + Page Down	移動到該欄最後一個（最下方）儲存格

Trick 16 設定欄寬與列高

若只想調整某一欄的儲存格寬度，其他儲存格寬度自動按照比例調整，以維持整份表格寬度不變時，可以透過這個方法來進行調整。

1 將游標移到要調整的欄位邊界上，使滑鼠游標變成 ◆|◆，然後按住 Ctrl 鍵及滑鼠左鍵不放，拖曳至適當的位置後，放開 Ctrl 鍵及滑鼠左鍵，就可以調整一欄儲存格的寬度，其他儲存格的寬度也會自動按照比例調整。

操作小撇步

必須先按住 Ctrl 鍵不放，再拖曳滑鼠，才能夠達到這樣的效果。

Trick 17 儲存格合併與分割

有時較複雜的表格中，並不是一格一格整齊排列，某些欄位必須合併或分割，這時就得趕緊來看看如何進行儲存格的合併或分割吧！

1 若要進行儲存格合併，先選取要進行合併的儲存格，然後依序點選「表格工具」的【版面配置】活頁標籤，即可從「合併」群組中找到「合併儲存格」按鈕，進行合併儲存格的動作。

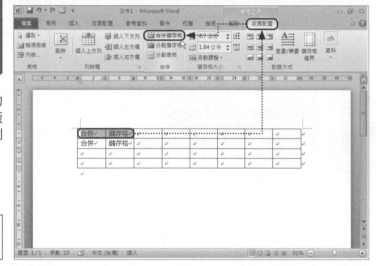

操作小撇步

儲存格合併後原本儲存格的內容會以段落號分隔列在同一個儲存格中。

2 若要進行儲存格分割，則先將游標移到要分割的儲存格上，然後點選「合併」群組中的「分割儲存格」按鈕，此時會跳出「分割儲存格」對話盒，輸入欲分割的「欄數」及「列數」再按下〔確定〕即可。

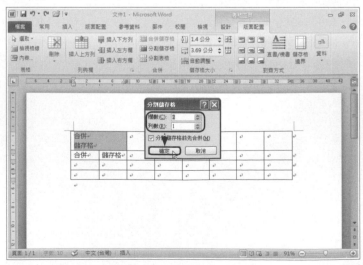

操作小撇步

儲存格分割後原本儲存格的內容會根據段落號分配到各分割後的儲存格中。

47

Trick 18　讓Word表格也能進行Excel計算

雖然在Word2010中可以插入各式各樣的運算方程式，但卻無法進行這些方程式的運算。不過也別因此就對Word失望，一些表格中簡單的運算是難不倒它的。

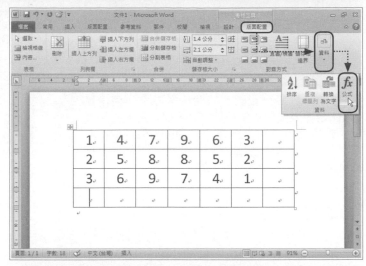

1 將游標移到要進行運用的儲存格中，然後點選「表格工具」→【版面配置】活頁標籤→「資料」群組的「公式」按鈕。

2 此時會出現「公式」對話盒，可以從「加入函數」下拉選單中選擇要使用的公式，並在後面括弧中輸入參數，按下〔確定〕即可進行簡單的運算。

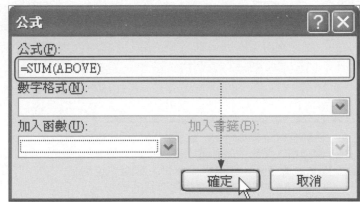

48

操作小撇步

ABOVE為上方所有儲存格數值，LEFT為左邊所有儲存格數值，其他則需個別列出儲存格代號（如A1、A2、B1、B2等）。

延伸學習：常用的運算函數

ABS(X)：X值的絕對值

AVERAGE()：所有參數的平均值

COUNT()：儲存格的筆數

INT(X)：X值的整數值

MAX()：所有參數的最大數

MIN()：所有參數的求最小數

MOD(X,Y)：X除以Y的餘數

PRODUCT()：計算各參數相乘的值

ROUND(X,Y)：將X值取Y位小數四捨五入

SUM()：所有參數的加總

文件列印技巧

當一份文件製作完成後，最重要的工作就是將文件列印出來。在列印前可以利用「預覽列印」功能檢視文件版面的列印效果外，有些列印技巧是非學不可的喔！例如，只列印文件部分頁數、只列印文件中局部內容、設定紙張雙面列印，以及版面設定的各項技巧……等等。如果能隨心所欲地運用這些技巧，就會更完美囉！

Trick 01 列印前預覽文件內容

列印文件前，可以先在Word中預覽文件的內容，做列印前的檢視與確認，確定文件無誤後，再進行列印。

1 開啟文件後，先切換到【檔案 】活頁標籤，接著從左側選單中點選【列印 】。 此時即可從右側預覽列印出來的結果。

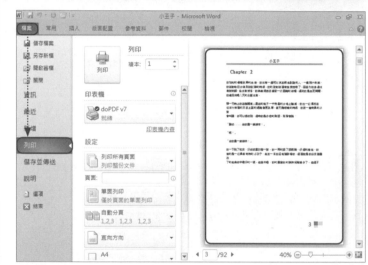

操作小撇步

如果文件頁數較多，可以利用預覽窗格右側的垂直捲軸，下拉預覽其他頁面。另外，也可以利用右下角的拖曳滑桿 ⊖—▽———————⊕ 進行預覽文件的縮放。

Trick 02 設定文件的邊界

在文件四周適度地留白，可以讓文件看起來比較舒服，也可以保留適當的寬度做為裝訂用，接著就來看看如何進行文件邊界的設定。

1 開啟文件後，點選【版面配置】活頁標籤，然後按下「版面設定」群組的「邊界」按鈕，從下拉選單中選取合適的邊界樣式即完成。

操作小撇步

也可以在【檔案】→【列印】功能表中，找到「邊界」下拉選單。

49

2 若找不到合適的邊界樣式，可以在下拉選單中點選【自訂邊界】，開啟「版面設定」對話盒後，即可在〔邊界〕活頁標籤的「上」、「下」、「左」和「右」方框中，設定文件的邊界值，設定好之後按下〔確定〕即可。

操作小撇步

在「版面設定」對話盒中還可以設定預留文件裝訂邊的位置及寬度。

Trick 03 只列印文件的部分頁數

有時如果只需要列印文件中的部分頁數，大可不必把整份文件通通列印出來。而且不管要列印的頁數有沒有連續，都能依照我們的需要印出文件哦！

1 開啟文件後，先切換到【檔案】活頁標籤，接著從左側選單中點選【列印】。接著在窗格中間的「設定」找到「頁面」，即可在後面的方框中輸入要列印的頁數部分，輸入完成按下上方的「列印」按鈕即可印出需要的頁數。

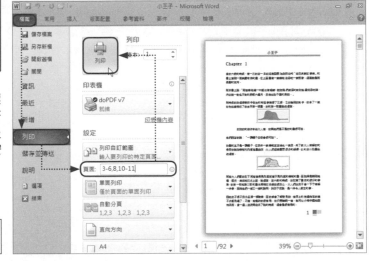

操作小撇步

直接按 Ctrl + P 鍵，也可以迅速切換到【列印】頁面。

列印部分頁數的輸入方式：

■要列印的頁數為連續頁，請以「-」減號串連：
如第3至第6頁（即第3、4、5、6頁，共4頁），則輸入「3-6」。

■要列印的頁數為不連續頁，請「,」逗號分隔：
如第3頁和第6頁（共2頁），則輸入「3,6」。

■要列印的頁數為連續頁與不連續頁混合時，可合併使用：
如第3到第6頁、第8頁及第10到第13頁，則輸入「3-6,8,10-11」。

Trick 04 只列印奇數頁或偶數頁

如果要列印的頁數沒那麼複雜，只要單純列印文件中的奇數頁，或只列印偶數頁時，可以用更簡單的方法。

1 切換到【檔案 】活頁標籤，接著從左側選單中點選【列印】。接著在窗格中間的「設定」點選「列印所有頁面」下拉選單，並從中勾選「僅列印奇數頁」或「僅列印偶數頁」，接著按下上方的「列印」按鈕即可印出需要的頁數。

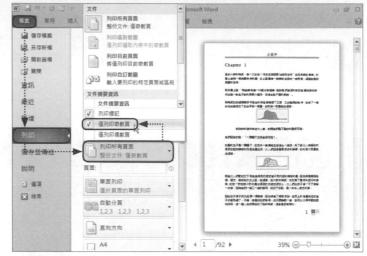

操作小撇步

只要再按一次同樣的「僅列印奇數頁」或「僅列印偶數頁」，就可以取消勾選。

Trick 05 只列印文件中的局部文字

除了可以單獨列印文件中特定的頁數外，還可以只列印文件中的局部文字，不一定要每次都列印一整頁哦！

1 先將文件中要列印的文字選取起來，然後切換到【檔案 】活頁標籤的【列印】，接著在窗格中間的「設定」點選「列印所有頁面」下拉選單，點選「列印選取範圍」，按下上方的「列印」按鈕即會只列印選取的範圍。

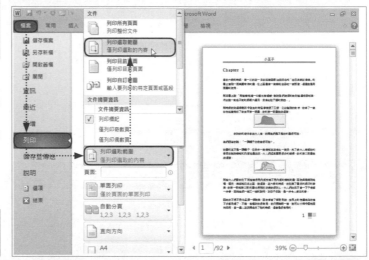

操作小撇步

必須在先在文件中選取文字，才能使用「列印選取範圍」的功能。

51

Trick 06 設定紙張雙面列印

大部分我們都只會進行單面的列印。如果文件頁數非常多，其實在Word 2010中，可以輕鬆地製作出雙面列印的效果。

1 切換到【檔案 】活頁標籤的【列印】，接著在窗格中間的「設定」點選單面列印，即可從下拉選單中選擇【手動雙面列印】，接著按下上方大大的「列印」按鈕，即會開始先列印單數頁的部分。

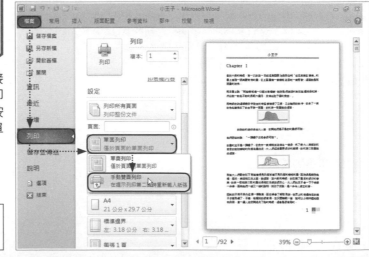

操作小撇步

如果要列印前面介紹過的不連續頁，則無法使用雙面列印的功能。

2 接著會出現「請將已列印第一面的紙張放入送紙槽內，按[確定]再繼續列印。」提示窗格，依指示把紙放好後，按下〔確定〕即會繼續列印偶數頁的部分。

操作小撇步

如果要列印好幾份複本，Word會先把奇數頁部分的份數都列印完，再開始列印偶數頁的部分。

Trick 07 將多頁文件印在同一張紙

很多時候為了節省紙張，我們會想把好幾頁文件列印在同一張紙上，現在就來看看如何使用這項便利的功能吧！

1 開啟文件，切換到【檔案 】活頁標籤的【列印】，接著在窗格中間的「設定」點選「每張1頁」，從下拉選單中選擇每頁要列印的頁數後，按下上方的「列印」按鈕就會按照設定的方式列印了。

操作小撇步

每張多頁的列印方式無法與前面介紹過的手動雙面列印同時使用。

Trick 08 跟影印機一樣自動分頁

如果同一份文件一次要列印好幾份，最頭痛的就是印好之後還要一份一份進行分頁。現在在Word 2010中，也可以像影印機一樣，列印的同時就幫我們做好自動分頁的動作哦！

1 開啟文件，切換到【檔案 】活頁標籤的【列印】，接著在窗格中間的「設定」點選「自動分頁」，文件即會依「1,2,3 1,2,3 1,2,3」或「1,1,1 2,2,2 3,3,3」的順序列印文件，而省下手動分頁的時間哦！

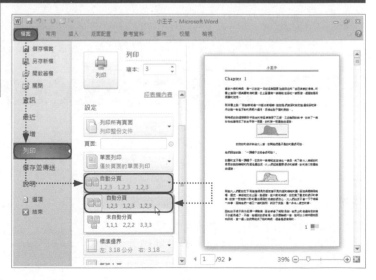

操作小撇步

如果單純列印整份文件，不必開啟文件檔，直接在文件圖示上按滑鼠右鍵，並點選【列印】即可直接進行快速列印的作業哦！

EXCEL圖表試算

Excel 2010主視窗操作介面

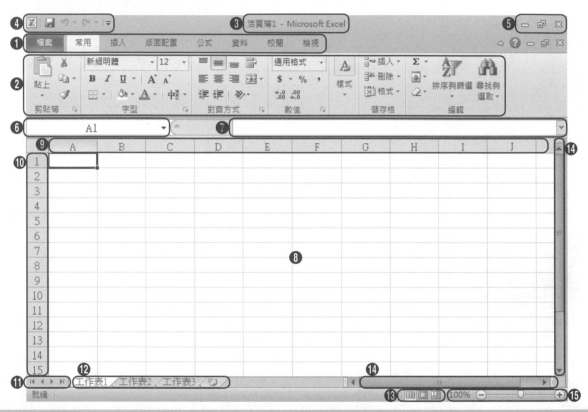

❶活頁標籤：活頁標籤中內含Excel所有的功能群組。

❷功能群組：在不同的功能群組中，包括許多不同的操作功能及指令按鈕。

❸標題列：顯示Excel目前編輯中的檔案名稱。

❹快速存取工具列：此工具列預設模式中含有「儲存檔案」、「復原」、「取消復原」等按鈕，使用者可依需求自行增刪工具按鈕。

❺視窗控制按鈕：用於設定視窗最大化、最小化及關閉視窗的控制按鈕。

❻名稱方塊：顯示目前被選取的儲存格名稱。

❼資料編輯列：用於顯示所輸入的資料內容，同時也可以在此編輯列中輸入資料內容。

❽工作表：工作表中編輯區域。

❾欄名：工作表中的欄編號。

❿列號：工作表中的列編號。

⓫工作表捲動按鈕：可利用按鈕，切換到不同的工作表。

⓬工作表標籤：可在不同的工作表中編製不同的資料報表，而正在編輯中的工作表標籤將顯示為白色。

⓭檢視按鈕：用於切換活頁簿檢視方式。

⓮捲軸：使用者可以透過捲動垂直捲軸和水平捲軸，瀏覽整張工作表。

⓯顯示比例：使用者可透過縮放滑桿依據實際大小的百分比，調整工作表的檢視比例。

檔案及視窗管理技巧

Chapter 1

在EXCEL 2010中，首先我們必須學會檔案管理的基本技巧，像是開啟檔案的方式、自動儲存檔案的設定、設定多人共用活頁簿、追蹤檔案的修訂狀況，以及利用各種視窗功能方便編輯等等。一旦學會之後，不但能輕鬆管理Excel檔案，在運用其他軟體時也能更得心應手，無往不利！

Trick 01 利用現有範本開啟新的活頁簿檔案

開啟Excel 2010時，會自動開啟一份空白的活頁簿檔案，開始編輯試算表。如果我們要編輯的是一份製式的表單，或許可以利用現有的範本直接套用。

1 開啟Excel後，按下【檔案】活頁標籤，從左側窗格中選取【新增】後，點選中間窗格的「範例範本」。

操作小撇步

也可以從中間窗格下方的「Office.com範本」中選取更多的EXCEL活頁簿範本。

2 此時窗格中間會出現許多現成的範例範本，點選適合的範本，並在右側窗格中預覽確認後，按下下方的〔建立〕，即可依範本格式新增一個新的活頁簿檔案。

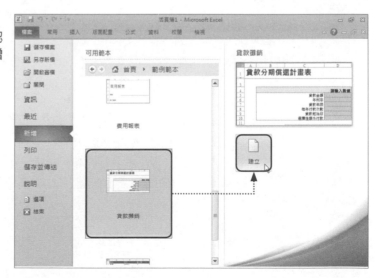

Trick 02 設定自動儲存檔案的時間間隔

是否經常被EXCEL裡繁複的數字搞昏頭，而忘記存檔呢？萬一臨時跳電或當機，那可就前功盡棄囉！為了降低檔案損失的風險，此時最需要的，就是趕快設定電腦每隔幾分鐘自動幫我們存檔的功能吧！

1 依序按下【檔案】活頁標籤→〔選項〕，開啟「Excel選項」對話盒後，點選「儲存」選項，在「儲存活頁簿」區中勾選「儲存自動回復資訊時間間隔」，並在後面的方框中輸入儲存的間隔時間數值，再按下〔確定〕即完成。

操作小撇步

「迷你工具列」是為方便進行格式設定，所以無法針對工具列中的功能進行增刪。

Trick 03 設定多人共用的活頁簿

團結力量大，有些時候一份Excel文件，需要將大家修改的內容彙整在一起，這時候就可以開啟「共用活頁簿」的功能，讓大家能編輯同一份文件。

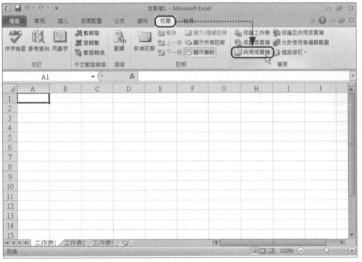

1 開啟要共用的檔案後，依序點選【校閱】活頁標籤→「變更」群組中的「共用活頁簿」。

2 進入「共用活頁簿」對話盒後，勾選【編輯】活頁標籤中的「允許多人同時修改活頁簿，且允許合併活頁簿」，然後按下〔確定〕。接著會出現提示儲存的對話盒，按下〔確定〕即可變更此文件的屬性。

55

Trick 04　追蹤共用活頁簿的修訂狀況

設定開放「共用活頁簿」功能後，如果能搭配「追蹤修訂」的功能，就能讓開放共用活頁簿者，知道什麼人在什麼時候修改了活頁簿裡的哪些資料。

1 開啟剛剛設定共用的活頁簿後，依序點選【校閱】活頁標籤→「變更」群組中的「追蹤修訂」，並從下拉選單中點選【標示修訂處】。

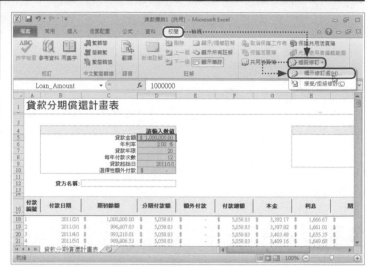

2 此時會跳出「標示修訂處」對話盒，先勾選「編輯時記錄所做的修訂」，再勾選想要標示修訂的選項，最後按下〔確定〕即完成設定。

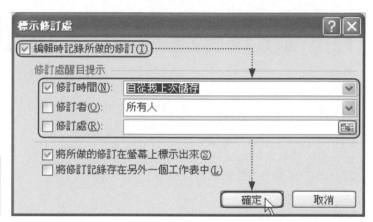

操作小撇步

之後如果檔案有經過修改，可以看到修改過的儲存格上出現黃色的邊框，將滑鼠游標移到該儲存格上，就會出現修改的註解，由此便可追蹤修改者及修改的過程。

Trick 05　接受或拒絕其他人的修改

縱使在開放共用的活頁簿中，我們還是可以選擇接受或拒絕別人的內容修改。這樣一來當其他人修改工作表後，可以再確認一下是否真的要修改這些資料。

1 開啟共用的活頁簿檔案後，依序點選【校閱】活頁標籤→「變更」群組中的「追蹤修訂」，在下拉選單點選【接受/拒絕修訂】。

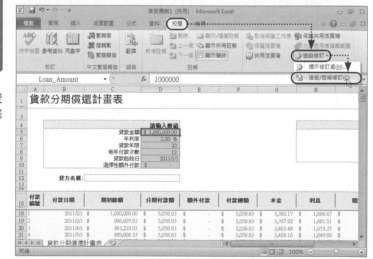

2 此時會開啟「接受或拒絕修訂」對話盒，先勾選「修訂者」，就可以選擇接受或拒絕的修訂者對象，選定後再按下〔確定〕。

操作小撇步
按下【檔案】→【選項】開啟「Word選項」對話盒，然後在「一般」選項頁面中取消勾選「啟用即時預覽」，再按下〔確定〕即可取消即時預覽的功能。

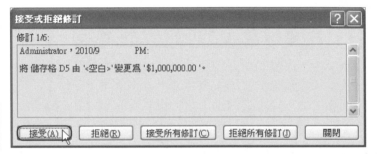

3 此後，假如有人修改過該活頁簿，就會出現「接受或拒絕修訂」對話盒。如果接受修訂則按下〔接受〕，如果不接受修訂，則按下〔拒絕〕。

操作小撇步
別人在修改時並不會看見此訊息，只有活頁簿管理者才可以看見。

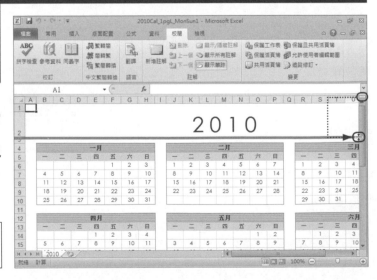

57

Trick 06 分割和取消分割窗格功能

如果一份工作表資料非常龐大，而要檢視的儲存格相距很遠，除了不斷移動工作表外，可以利用「分割窗格」的功能，讓視窗做更靈活的運用。

1 將游標移到右側垂直捲軸上方的 ▭ 處，當游標形狀變成 ╪ 時，按住滑鼠左鍵不放，向下拖曳到要分割窗格的地方，然後再放開滑鼠左鍵。

**操作小撇步**
別人在修改時並不會看見此訊息，只有活頁簿管理者才可以看見。

2 此時工作表就被分割成上下兩個窗格,當要移動哪個窗格的資料時,就捲動該窗格右側的垂直捲軸即可。

操作小撇步

只要按下【檢視】活頁標籤→「視窗」群組中的「分割」,就能取消所有設定的分割窗格,回復成原來的視窗狀態。

Trick 07 凍結和取消凍結窗格功能

通常在工作表的第一欄或第一列會放欄位名稱,捲動工作表的視窗時就不太希望第一欄或第一列跟著捲動。此時我們可以將標題列凍結住,這樣不管再如何捲動視窗,被凍結住的窗格會維持在原來的位置不動哦!

58

1 先利用分割窗格的方式,將要凍結的部分分割開來,接著依序按下【檢視】活頁標籤→「視窗」群組中的「凍結窗格」,然後在下拉選單中點選【凍結窗格】。

2 接著可以看到設定的列與欄上,均出現一條較粗的直線,表示此列與欄均已被凍結,不管如何上下左右捲動窗格,被凍結的欄位都不會跟著被捲動。

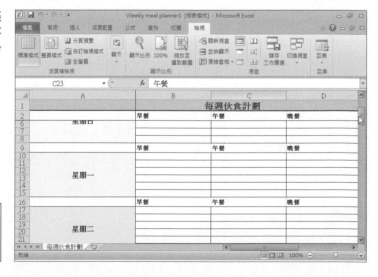

操作小撇步

點選【檢視】活頁標籤→「視窗」群組中的「凍結窗格」,然後在下拉選單中點選【取消凍結窗格】,即可取消所有的凍結窗格功能。

Trick 08 使用多重視窗

當我們編輯資料龐大的工作表時，可以使用多重視窗的功能，同時開啟兩個以上的視窗，方便檢視編輯其中的資料。

1 先開啟檔案，依序按下【檢視】活頁標籤→「視窗」群組中的「開新視窗」，就會在另一視窗中開啟同一份文件。接著再按下「切換視窗」按鈕，就可以看到下方選單中有兩份相同的文件，分別是「XXXXXX:1」與「XXXXXXX:2」。

操作小撇步

如果再繼續按下「開新視窗」按鈕，就會在第三個視窗中開啟檔名為「XXXXXXX:3」的文件。

Trick 09 並排顯示讓資料一目了然

有時們需要同時開啟好幾個活頁簿，並互相進行資料比對，這時候可以利用「並排顯示」的功能，同時檢視不同活頁簿檔案裡的內容。

1 開啟多個檔案後，依序按下【檢視】活頁標籤→「視窗」群組中的「並排顯示」，接著在「重排視窗」對話盒中，點選所需要的排列方式，然後按下〔確定〕。

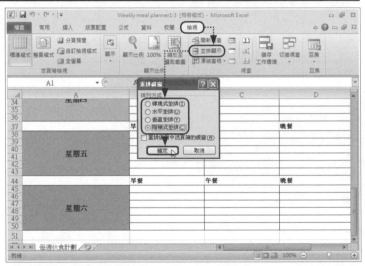

操作小撇步

如果勾選「重排使用中活頁簿的視窗」，則會重排所有同一份活頁簿但被開啟在不同視窗的窗格。

2 此時所有開啟的活頁簿，就會以我們選定的排列方式進行並排，方便我們進行不同活頁簿之間的切換及檢視。

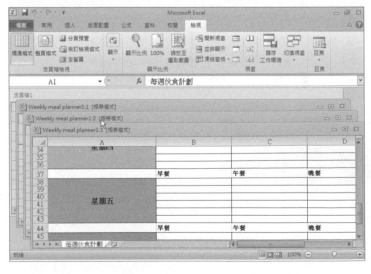

操作小撇步

如果要關閉並排的視窗，必須先切換到要關閉的視窗上，再以關閉檔案的方式，逐一進行關閉的動作。

59

Trick 10 儲存工作環境

如果有好幾個活頁簿檔案，彼此之間互相有關連，但是每次要使用時都得逐一開啟檔案。其實有更簡便的方法，可以讓我們一次同時開啟這幾個相關的活頁簿。

1 先開啟所有的活頁簿，接著點選【檢視】活頁標籤→「視窗」群組中的「儲存工作環境」鈕。

2 此時會跳出「儲存工作區」對話盒，選取要儲存的位置後，在「檔案名稱」中輸入檔案名稱，再按下〔儲存〕，便可將數個活頁簿儲存成一份「Excel工作環境檔案」。

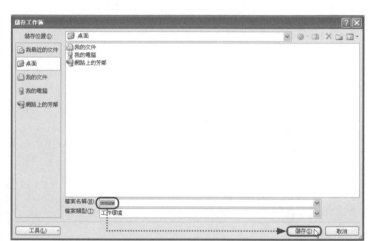

操作小撇步

如果曾更改某個活頁簿的內容，則會出現詢問是否要儲存檔案的對話盒，請直接按下〔是〕。

3 以後只要按下【檔案】活頁標籤→【開啟舊檔】，在「開啟舊檔」對話盒中點選剛剛儲存的工作環境檔，就可以同時開啟多個活頁簿的檔案了。

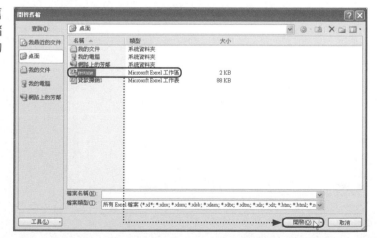

儲存格與工作表

在Excel 2010中,選取的動作多半以儲存格為單位,選取的技巧大部分都和其他軟體大同小異,很快就能學得會。此外,也會介紹一些工作表的命名、刪除、複製、移動的方法,以及設定工作群組等技巧。一旦學會這些基礎功,就能更靈活地運用Excel!

Trick 01 選取多個連續的儲存格

一次選取多個相鄰的儲存格,就可以將這些儲存格一起套用相同的格式,或是進行剪下、複製,以及貼到其他位置的動作。

1 將游標移到欲選取範圍最左上方的儲存格,按住滑鼠左鍵不放,再向右下角拖曳到欲選取範圍最右下方的儲存格後放開滑鼠左鍵,就可以選取連續的儲存格範圍。

操作小撇步

拖曳時必須按住滑鼠左鍵不放,否則只會選取單一儲存格。如果拖曳超過要選取的範圍時,只要往回拖曳滑鼠即可。

61

Trick 02 選取多個不連續的儲存格

有時想要選取的儲存格範圍不一定是連續的,要選取不連續的儲存格,這時候需要運用其他的方式。

1 先利用前述方式將連續的儲存格選取好之後,接著按住鍵盤上的 **Ctrl** 鍵不放,此時將游標移到其他欲選取的儲存格後,在儲存格上按一下,即可選取範圍不連續的儲存格了。

操作小撇步

記住要先按住鍵盤上的 **Ctrl** 再進行選取的動作,否則第一次選取的儲存格會消失,變成只選取後面的儲存格。

Trick 03 複製成圖片

在Excel中進行儲存格複製的動作時，常會因為儲存格格式或內容的關係，發生貼上的內容與原本的內容不相同的狀況。最保險的作法，就是把原本的儲存格內容複製成圖片，這樣子不管怎麼貼都不會改變內容了！

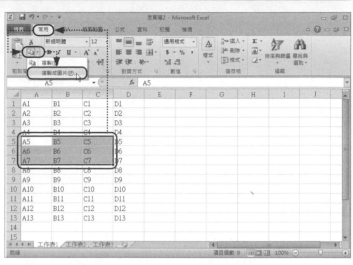

⭐1 選取要複製的儲存格範圍後，點選【常用】活頁標籤→「剪貼簿」群組的「複製」，並從下拉選單中選取【複製成圖片】。

⭐2 接著按下「貼上」，即可將複製的儲存格以圖片的型式貼在工作表的任何地方。

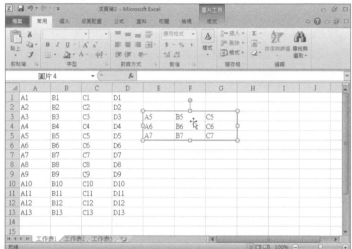

🔧 操作小撇步

貼上後的內容為圖片格式，無法針對文字內容進行任何調整。

Trick 04 選取整欄或整列

除了選取儲存格，有時也需要選取一整欄或一整列的儲存格，這時候如果還是使用拖曳的方式來選取，可能就會顯得有點沒效率。

⭐1 將游標移到要選取的欄號上，當游標變成 ↓ 時，按一下滑鼠左鍵即可選取一整欄；同樣的，將游標移到要選取的列號上，當游標變成 ➡ 時按一下滑鼠左鍵，即可選取一整列。

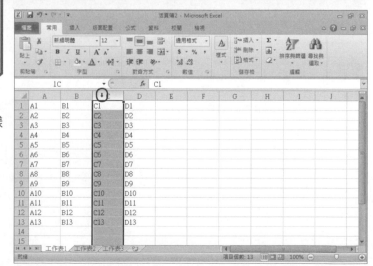

Trick 05 直接跳到指定的儲存格

當工作表的資料比較龐大時，要跳到特定的儲存格，除了拖曳窗格右側及下方的捲軸外，還可以利用鍵盤上的功能鍵，迅速跳到指定的儲存格。

1 按一下鍵盤上的 F5 鍵，此時會開啟「到」對話盒，在「參照位址」空白框中輸入要檢視的儲存格後按下〔確定〕，即會立刻跳到該儲存格的位置，並直接將其選取起來。

操作小撇步

按下鍵盤上的 Ctrl + G 鍵，也可開啟「到」對話盒。

Trick 06 插入或刪除儲存格

有時在製作表格時，臨時要加入新的儲存格，或是刪除儲存格，無論是新增或刪除，都有特定的方法。

1 在要增加儲存格的位置上按一下滑鼠右鍵，再點選快速選單中的【插入】。

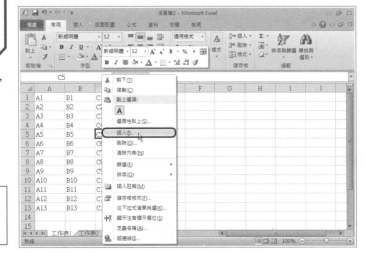

操作小撇步

或者也可以依序點選【常用】活頁標籤→「儲存格」群組中的「插入」，然後在下拉選單中點選【插入儲存格】。

2 此時會跳出「插入」對話盒，接著選取要插入儲存格的方式後按下〔確定〕，即可完成儲存格的插入。

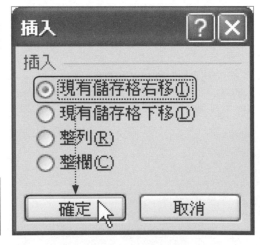

操作小撇步

若要進行刪除儲存格操作，則在快速選單中點選【刪除】。接著在「刪除」對話盒中選取其他儲存格的移動方式，然後按下〔確定〕即完成。

63

Trick 07 插入欄或列

在編輯資料時,為了新增或刪除一些資料,常常需要插入一整欄或一整列。除了前面介紹的方法外,還有更快速的技巧哦!

1 先選取要插入的右側那一欄,並在該欄上按一下滑鼠右鍵,然後從快速選單中選取【插入】。

操作小撇步
插入一列的方式則是先選取要插入的下方那一列,再從滑鼠右鍵快速選單中選取【插入】。

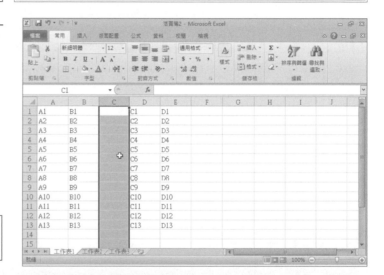

2 此時原本的欄位即會向右移動,而新增出一個空白欄。

操作小撇步
如果選取兩欄或兩列,則會在左側或上方插入兩個空白欄或空白列。

Trick 08 合併儲存格

當文字長度大於儲存格寬度時,文字會無法完全顯示。如果不想改變儲存格寬度,這時候我們可以利用合併儲存格的方法,讓文字完整顯示。

1 先選取要合併成同一範圍的儲存格,接著點選【常用】活頁標籤→「對齊方式」群組中的「跨欄置中」,並從下拉選單中選取【合併儲存格】。

操作小撇步
若合併後的儲存格內容希望能置中,可以直接在下拉選單中選取【跨欄置中】。

接著會跳出警告視窗，警告合併成一個儲存格後，只會保留最左上角的儲存格內容，確認後按下〔確定〕即完成。

操作小撇步

如果想取消合併的儲存格，只要再使用同樣的方法，在快速選單中選取【取消合併儲存格】即可。

Trick 09 讓Excel自動調整欄寬

合併儲存格的方式，不一定適用於任何狀況。此時，Excel 2010提供了另一項選擇，就是自動依據欄位文字的長度，適當地調整欄位寬度。

先選取要更改欄寬的儲存格，接著按下【常用】活頁標籤→「儲存格」群組中的「格式」，然後在下拉選單中點選【自動調整欄寬】，選取的欄位就會自動依欄位內容調整合適的欄寬。

操作小撇步

在下拉選單中點選【自動調整列高】，則會自動將選取的欄位調整為適合的列高。

Trick 10 插入或刪除工作表

開啟一份新的Excel活頁簿時，會預設出現三個工作表，但是當我們遇到工作表不敷使用，或整個工作表已不再使用時，就必須新增或刪除工作表。

先在左下方要插入新工作表的活頁標籤上，按一下滑鼠右鍵，再從快速選單中選取【插入】。

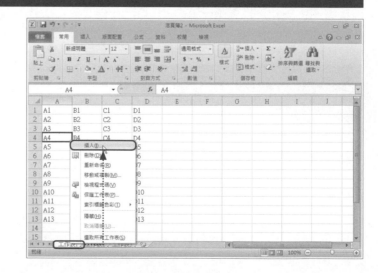

操作小撇步

也可以點選【常用】活頁標籤→「儲存格」群組中的「插入」，從下拉選單中選取【插入工作表】，或是按下工作表列最右邊的「插入工作表」圖示，或直接按鍵盤上的 Shift + F11，都能新增一張工作表。

65

2 「插入」對話盒出現後，先點選「工作表」，再按下〔確定〕，就可以插入一個新的工作表了。

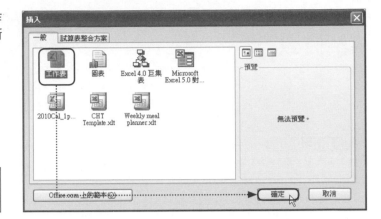

操作小撇步

若要刪除工作表，則在該工作表上按一下滑鼠右鍵，然後從快速選單中選取【刪除】即可。

Trick 11 移動工作表

如果新增工作表，想要移動工作表的位置，只要利用拖曳的方式，就能輕鬆調整工作表的先後順序哦！

1 先在左下方要移動的工作表活頁標籤上，按住滑鼠左鍵不放，此時游標會變成，接著將活頁標籤左上角的倒三角形符號拖曳到要移動的地方後，放開滑鼠左鍵即完成移動工作表。

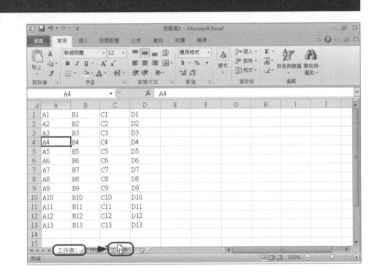

Trick 12 複製工作表

當需要一份相同或是類似的工作表時，我們當然可以利用複製工作表的功能，迅速製作一份與舊工作表相同的新工作表。

1 先在要複製的工作表活頁標籤上按住滑鼠左鍵不放，此時游標會變成。

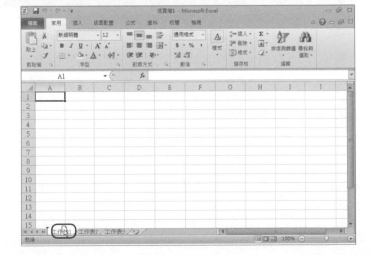

2 接著拖曳此活頁標籤到要複製的地方，然後按下鍵盤上的 Ctrl 鍵，當游標變成🔖時，放開滑鼠左鍵及鍵盤上的 Ctrl，此時原來的工作表就會被複製到新的工作表了。

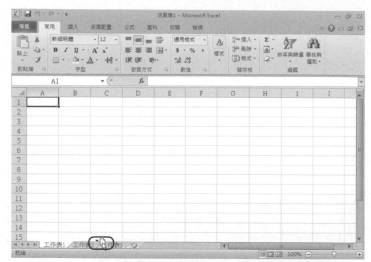

操作小撇步

另外，在要複製的工作表活頁標籤上按滑鼠右鍵，再點選快速選單中的【移動或複製】，並勾選「建立複本」，也可以複製工作表。

Trick 13 重新命名工作表

看膩了工作表千篇一律的名稱〔工作表1〕、〔工作表2〕、〔工作表3〕了嗎？或是常搞不清楚哪一個工作表的內容是什麼嗎？趕快來看看如何幫工作表重新命名，讓工作表更容易一目瞭然。

1 在要更改名稱的工作表活頁標籤上，按一下滑鼠右鍵，接著在快速選單中點選【重新命名】，即可自行修改工作表的名稱了。

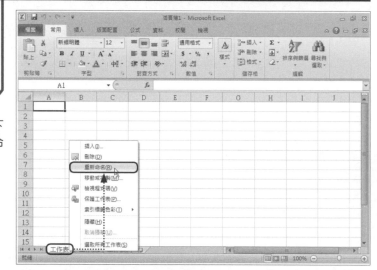

67

Trick 14 設定工作群組

把好幾個同時作用的工作表設定為工作群組，這樣在輸入或刪除資料時，就可以方便地同步執行，而不需要一個工作表一個工作表做重複的動作囉！

1 先選取第一個工作表，接著按住鍵盤上的 Ctrl 鍵不放，然後接著點選其他的工作表，此時兩個工作表的活頁標籤都會變成白色。

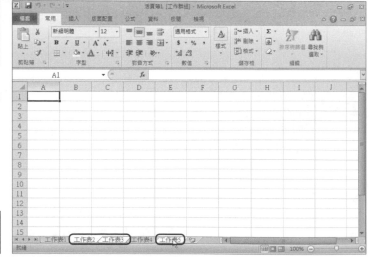

操作小撇步

要取消選取的工作群組，只要在任一個未被選取的工作表活頁標籤上按一下滑鼠左鍵即可。

2 此時只要在其中一個工作表上，輸入任何的內容，切換到其他的工作表，就會看到其他工作表的同一個儲存格上，也都同時填入相同的內容囉！

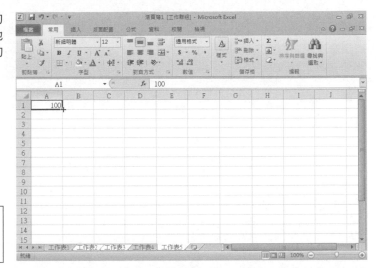

操作小撇步

若要將所有工作表設定為工作表群組，可以在任一工作表上按滑鼠右鍵，並從快速選單上點選【選取所有工作表】即可。

Trick 15 變更工作表活頁標籤色彩

當一個Excel活頁簿中，工作表的數量和類別繁多時，我們可以以將工作表活頁標籤設定為不同顏色，以區隔不同類別的工作表。

1 在要變更的工作表活頁標籤上按一下滑鼠右鍵，然後點選快速選單中的【索引標籤色彩】，即可從延伸選單中選取適合的顏色，即可改變工作表活頁標籤的色彩。

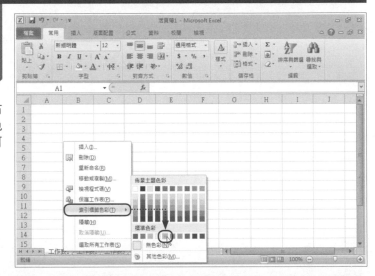

Trick 16 隱藏特定的工作表

有些工作表，可能不希望被其他人看到或去修改，這時候我們可以將這些工作表隱藏起來，但仍能保有其他工作表與該工作表內容的相關連動。

1 在要隱藏的工作表活頁標籤上，按滑鼠右鍵，接著從快速選單中點選【隱藏】，即可將該工作表隱藏起來，而並非刪除掉。

操作小撇步

只要在其他工作表活頁標籤上按滑鼠右鍵，並從快速選單中選取【取消隱藏】，即可從「取消隱藏」對話盒中，找到被隱藏的工作表。

68

Chapter 3 表單編輯技巧

在Excel中，有非常多儲存格的格式設定技巧，學會這些技巧，可以幫助我們更靈活運用Excel。此外，還有一些表單的編輯技巧，像是在表單中加入圖案、增加表單框線、將表單加上背景色、在表單中加入說明註解文字，以及利用SmartArt圖形在表單中繪製循環圖等，一旦學會，保證妙用無窮！

Trick 01 設定資料自動換列

當儲存格的文字過多，以致超過儲存格寬度時，除了合併儲存格或增加寬度外，另一個方法就是將儲存格設定為自動換列，如此一來不但文字都能顯示，表格寬度也不會變來變去的。

1 先在要設定自動換列的儲存格上按一下滑鼠右鍵，然後從快速選單中點選【儲存格格式】。

2 此時會出現「儲存格格式」對話盒，切換到【對齊方式】活頁標籤，並勾選「文字控制」底下的「自動換列」，再按下〔確定〕即可看到儲存格中的文字由於自動換列的關係，編排成符合儲存格寬度的樣式了。

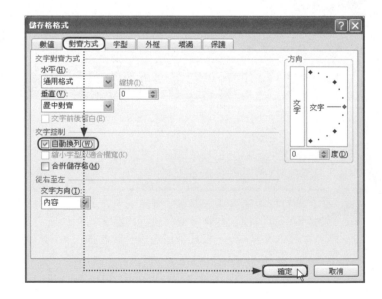

操作小撇步

儲存格內容輸入過程中，同時按下 Alt + Enter 鍵，可以做手動換行的動作。

69

Trick 02 設定儲存格資料格式

在Excel的儲存格中，有數值、貨幣、日期、會計等各種不同的資料格式，套用不同的格式後，不但能讓儲存格正確顯示我們要的格式內容，也能讓儲存格針對這些格式進行不同的運算功能。

1 先選取要套用格式的儲存格，然後按一下滑鼠右鍵，並點選快速選單中的【儲存格格式】。

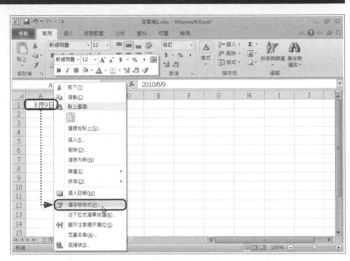

2 此時會出現「儲存格格式」對話盒，切換到【數值】活頁標籤，再從「類別」中選取儲存格的類別，接著從右側窗格中選取要顯示的類型，從上方範例預覽顯示結果確認無誤後，按下〔確定〕即完成。

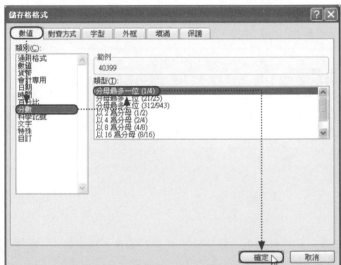

操作小撇步

每種類別的數值類型均不相同，可以根據自己的需求進行設定。

Trick 03 自動輸入連續性的資料

如果我們需要在Excel中輸入連續性的資料內容，可別傻傻的一格一格慢慢輸入。只要輸入兩格，聰明的Excel就可以自動幫我們把其他的儲存格內容給補齊哦！

1 先在儲存格中輸入連續兩格的資料，接著選取這兩個儲存格，並將游標移到選取範圍的右下角，當游標變成時，按住滑鼠左鍵不放，並向下拖曳到要填滿的儲存格。

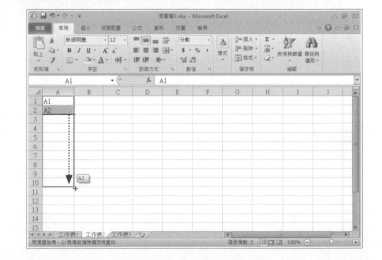

操作小撇步

同樣也可以利用拖曳滑鼠的方式，在橫列中自動填入連續性資料。

2 放開滑鼠左鍵後，Excel就會自動把其餘的儲存格，依照前面的連續性補齊內容了。

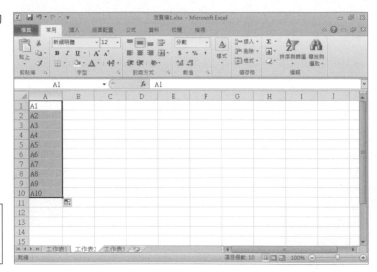

⚙ **操作小撇步**

搭配不同的鍵盤組合鍵，可以完成不同的填滿方式：
`Ctrl`+滑鼠左鍵：複製相同的資料。
`Shift`+滑鼠左鍵：填滿公差數列。

Trick 04 利用「填滿」功能輸入規律性資料

有時要填入的儲存格內容，並不是連續性的數字，但其中又有一定的規則，這個時候千萬不要放棄，我們還可以利用進階的填入功能，讓Excel乖乖幫我們填滿儲存格。

1 先在第一個儲存格中填入一筆資料，接著選取要填滿數列的儲存格，然後依序點選【常用】活頁標籤→「編輯」群組中的「填滿」，並從下拉選單中選取【數列】。

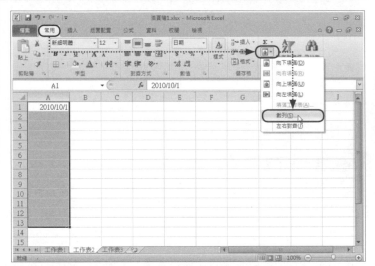

2 「數列」對話盒出現後，先在「類型」區塊中點選要填入的儲存格類型，若為「日期」類型，則接著在「日期單位」區塊中點選要遞增的單位，以及間距值，最後按下〔確定〕。

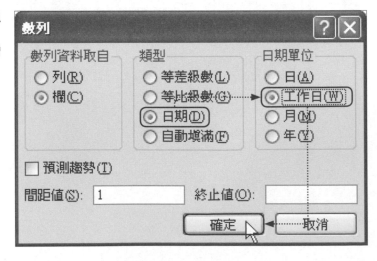

⭐3 此時就可以看到在選取的範圍內，已經根據我們的設定，填入正確的內容，很神奇吧！

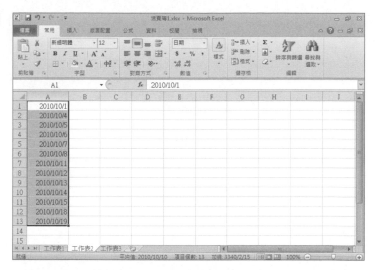

Trick 05 自動填滿等差數列

如果我們要填入的相鄰數列資料，雖然具有規則性，但間隔不是連續的，即使這種情形，對Excel來說可是一點也難不倒的喲！

⭐1 先輸入兩個儲存格的內容，然後選取這兩個儲存格，並將游標移到儲存格右下角，當游標變成╋狀時，按住滑鼠左鍵不放。

72

操作小撇步

如果是純粹數字的數列，一定要先有兩個儲存格的資料再做拖曳；如果只拖曳一個儲存格的數字，則會產生複製的狀況，而不是等差數列。

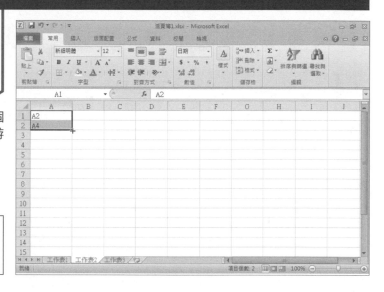

⭐2 向下拖曳到要填滿的儲存格後，可以發現Excel在做「自動填滿」功能時，正確地計算出間格相差不是1的數列內容哦！

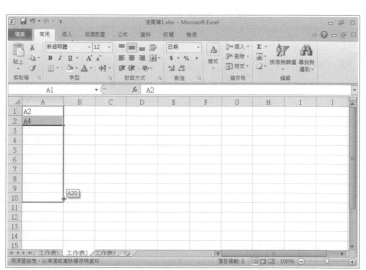

Trick 06 輸入分數資料

我們常會需要在工作表中輸入分數的資料，不過卻不曉得如何輸入才正確嗎？此時只要依照底下介紹的這個技巧，就能順利輸入分數資料囉！

1 想要輸入如「4 1/5」的分數資料，要先輸入整數數字「4」（如果沒有整數部分，就請輸入「0」），接著按鍵盤上的空白鍵，再依序輸入分子「1」→「/」→分母「5」，最後按下 Enter，就能正確完成帶分數的輸入。

操作小撇步

如果希望在儲存格中顯示以「0」開頭的資料，可以在前面加上「'」符號，如「'01」，樣就能在儲存格中顯示「01」了。

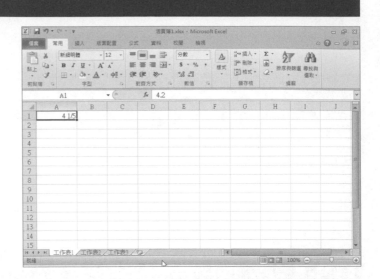

Trick 07 同時輸入多筆資料

在輸入資料時，如果需要在多個儲存格中輸入相同的內容時，就可以利用這個技巧，一次輸入多筆相同的資料。

1 在工作表中選取要輸入資料的儲存格範圍，接著在選取區域範圍的第一個儲存格中輸入資料內容，輸入完畢後按下鍵盤上的 Ctrl + Enter 鍵，所選取的儲存格就自動填入相同內容了。

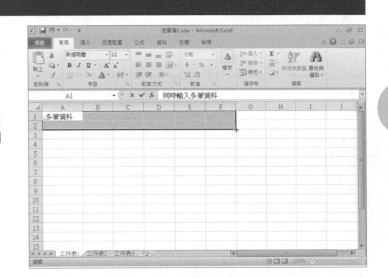

Trick 08 幫工作表畫上框線

當工作表製作完成後，為了美觀或強調某些特別的欄位，我們可以幫儲存格畫上框線，美化工作表。

1 首先選取要設定框線的儲存格區域，接著按下【常用】活頁標籤→「字型」群組中「下框線」 旁的下拉選單，並從下拉選單中選取【所有框線】。

操作小撇步

也可以只針對儲存格的特定位置繪製框線。

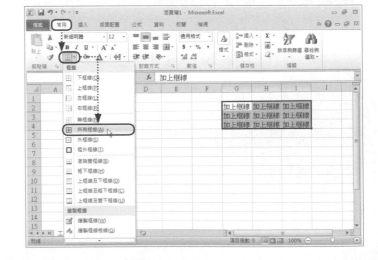

⭐2　此時所有選取的儲存格區域，就全都會出現框線了。

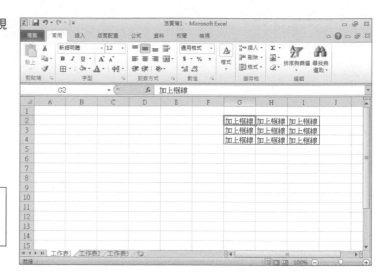

操作小撇步

點選【常用】活頁標籤→「字型」群組旁的⬛圖示，開啟「儲存格格式」對話盒後，切換至【外框】活頁標籤，還可以自訂外框的線條樣式。

Trick 09　幫儲存格填入其他色彩

除了幫儲存格加上框線外，我們還可以幫儲存格填入不同的色彩，如此一來可以更加強調某些欄位的重要性，讓工作表看起來更清爽明瞭。

⭐1　選取要填入色彩的儲存格，然後依序點選【常用】活頁標籤→「字型」群組右下角的⬛圖示。

⭐2　此時會跳出「儲存格格式」對話盒，切換至【填滿】活頁標籤，在「背景色彩」區中點選想要的顏色，然後按下〔確定〕即可。

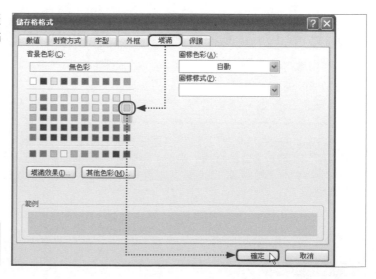

操作小撇步

直接按下【常用】活頁標籤→「字型」群組中「填滿色彩」🪣旁的下拉選單，也可以幫儲存格加上背景色。

Trick 10 幫儲存格插入註解

有時其他人不見得都能了解每一個儲存格的定義，此時就需要幫這些特定的儲存格加上一些「註解」，讓大家都能更清楚儲存格有什麼特別的意義。

1 在要加上註解的儲存格上按一下滑鼠右鍵，再點選快速選單中的【插入註解】。

操作小撇步

也可以按下【校閱】活頁標籤→「註解」群組中的「新增註解」，進行插入註解的操作。

2 此時，在儲存格右上角會出現一個三角形的紅色記號 ◣，即可開始在旁邊的黃色方塊中則輸入註解的內容。輸入完畢後，將游標在任意一個儲存格上按一下滑鼠左鍵就完成了。

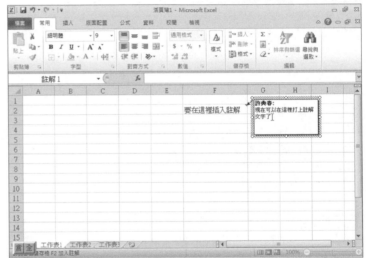

操作小撇步

註解輸入完成後，如果只是按鍵盤上的 Enter 鍵，將只會在註解方塊中新增一行而已。

3 往後只要將游標移到有註解記號的儲存格上，就會自動出現該儲存格的註解內容。

操作小撇步

註解的部分也可以調整字型的樣式、大小和顏色等。

75

Trick 11 修改及刪除註解

如果事後發現儲存格上的註解需要進行修改，或不再需要註解時，可以對註解進行編輯及刪除的動作。

⭐ 在要更改註解的儲存格上按滑鼠右鍵，再點選快速選單中的【編輯註解】。註解方塊出現後，就可以開始修改註解裡的文字了。

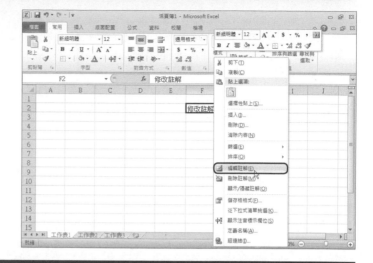

操作小撇步

在快速選單中點選【刪除註解】，就能將不需要的註解刪除掉。

Trick 12 調整註解的大小

預設的註解大小不一定符合我們輸入的內容長度，此時可以適時調整註解的大小，讓版面看起來更清爽。

⭐ 在加入註解的儲存格上按滑鼠右鍵，並從快速選單中選取【編輯註解】後，將游標移到註解四周的八個小圓點上，即可用拖曳滑鼠左鍵的方式調整註解的大小。

操作小撇步

除了能調整註解大小外，還能在編輯註解的狀態下任意移動註解的位置。

Trick 13 在工作表中插入圖案

在Excel中，除了讓人眼花的儲存格，我們也可以和Word一樣，適時插入一些圖案，讓工作表看起來輕鬆一點。

⭐ 依序點選【插入】活頁標籤→「圖例」群組中的「圖案」，即可在下拉選單中選取要插入工作表中的幾何圖案。

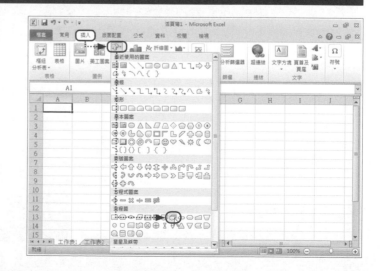

操作小撇步

當然你也可以插入電腦中的圖片，或是系統內建的美工圖案。

76

2 圖案插入後,還可以依照前面Word中介紹
過的方式,幫圖案進行各種加工。

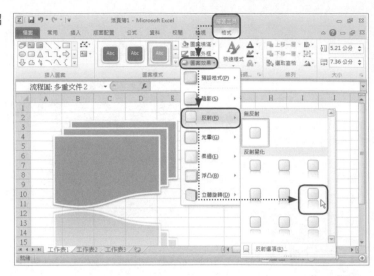

Trick 14 用SmartArt圖形繪製循環圖

在Excel 2010中,也可以加入美觀的
SmartArt圖形,加上多采多姿的SmartArt圖
形,將使我們的工作表看起來更加具有專
業感。

1 依序點選【插入】活頁標籤→「圖例」群組
中的「SmartArt」,開啟「選擇SmartArt
圖形」對話盒後,從左側窗格選取要加入的圖形
類別,再從中間窗格選取合適的圖形,在右側預
覽確認後按下〔確定〕。

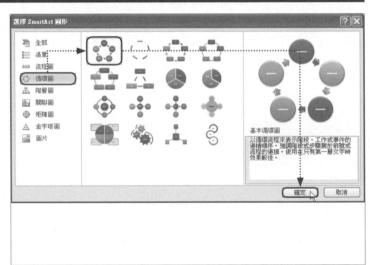

2 此時在工作表中會插入選定的SmartArt圖
形,接著即可在圖形中的[文字]上按一下滑
鼠左鍵,開始輸入文字。

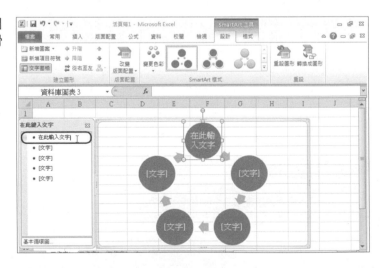

Chapter 4 函數公式與樞紐分析

Excel最主要的功能之一，就是可以運用公式與函數，將儲存格資料加以運算。一旦學會設定公式與函數技巧，將能更靈活運用Excel，幫助我們完成各種運算！此外，密密麻麻的工作表，若能搭配圖表的輔助，將能使各個數值更一目瞭然，並更利於分析統計。

Trick 01 輸入公式

設定公式最基本的方法，就是先選取要運算的儲存格，然後加上自己輸入的加減乘除等運算符號或Excel內建的函數，就可以完成各項運算。

1 先在儲存格中輸入「＝」符號，接著將游標移到要進行運算的儲存格「A4」上，並按一下滑鼠左鍵。

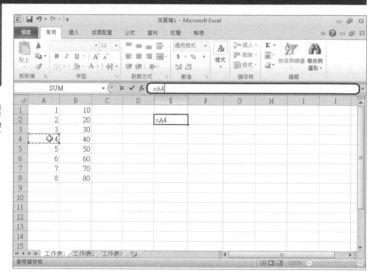

2 接著輸入運算符號，再選取其他要進行運算的儲存格「B4」，此時原來的儲存格「E2」即會根據前面所指定的儲存格及運算公式，顯示出運算後的結果。

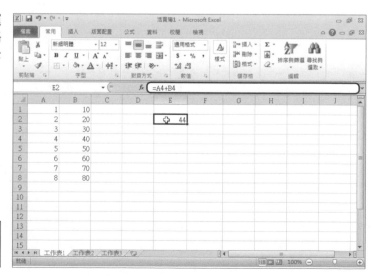

操作小撇步

一般而言，Excel的公式運算邏輯和數學公式概念相同，也就是依循「先乘除、後加減」的順序進行運算。

Trick 02 插入函數

除了基本的加減乘除運算式之外，還可以透過Excel 2010內建強大的函數功能，進行各種更為複雜的運算。

⭐1 將游標移到要插入函數的儲存格，然後點選【公式】活頁標籤，並從「函數程式庫」群組中挑選要進行的函數類型。

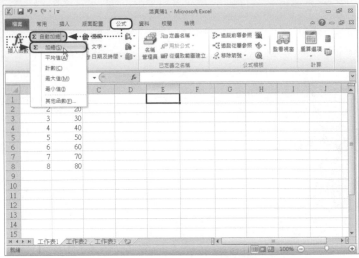

⭐2 接著選取要進行運算的儲存格後，按下 Enter 鍵，即可自動運算出函數的結果。

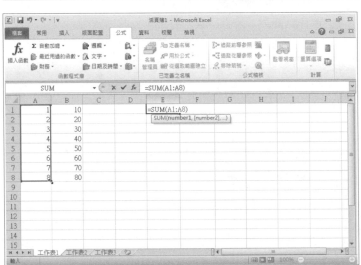

Trick 03 手動插入函數

當我們對Excel的函數更熟悉的時候，不需要每次都透過【公式】活頁標籤來設定函數，此時我們可以利用更直接簡便的方法，進行函數的輸入。

⭐1 點選【公式】活頁標籤→「函數程式庫」群組中的「插入函數」，此時會開啟「插入函數」對話盒。

操作小撇步

也可以直接按鍵盤上的 Shift + F3 鍵開啟「插入函數」對話盒。

79

2 接著在「插入函數」對話盒的「或選取類別」下拉選單中，可以選取函數類型，然後從「選取函數」方框中，點選要加入的函數，並按下〔確定〕。

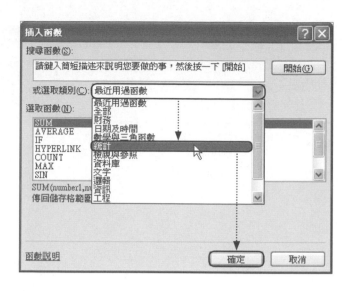

操作小撇步

如果對於要運算的函數不熟悉，可以在「搜尋函數」方框中輸入關鍵字，簡短描述要進行的運算，然後按下〔開始〕，Excel會在「選取函數」的地方列出可能的函數。

3 接著會開啟「函數引數」對話盒，並根據函數的不同，而出現不同的引數輸入框格。此時可以直接輸入引數內容，或是從Excel工作表中選取，在「函數引數」對話盒中間會出現預覽的計算結果，確認引數輸入無誤後，按下〔確定〕即完成。

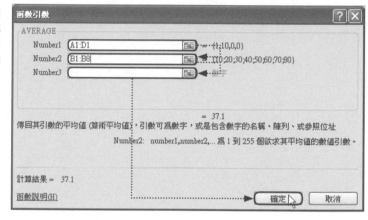

Trick 04 複製公式

當相鄰的儲存格所需要輸入的運算公式或函數相同時，也可以將現有的公式，快速複製到其他儲存格上哦！

1 將游標移到已輸入公式的儲存格右下角，當游標變成 **+** 後，按住滑鼠左鍵不放，拖曳到要複製公式的儲存格範圍後，公式就會被複製到每一個儲存格上。

操作小撇步

複製的公式會依據每列儲存格相對位置的不同，自動將公式調整為相對應的儲存格內容。如「E1」中的公式為「AVERAGE(A1:A8)」，將公式複製到「F1」後，就會變成「AVERAGE(B1:B8)」。

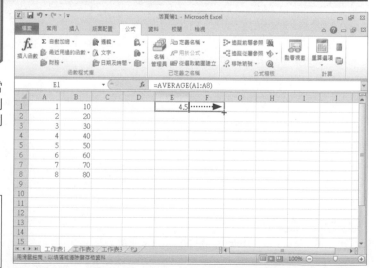

Trick 05 顯示運算公式

有時別人可能不清楚公式的運算方式，儲存格除了顯示最後的運算結果外，還能設定成顯示公式哦！

⭐1 先選取有計算公式的儲存格，然後依序點選【公式】活頁標籤→「公式稽核」群組中的「顯示公式」，此時原本只顯示出公式計算結果的儲存格，現在都以公式表示出來。

操作小撇步

設定顯示公式中的儲存格位址和所對應的儲存格會以同一顏色標示，以方便查詢核對。若要取消顯示公式，則再按下「顯示公式」按鈕即可。

Trick 06 追蹤公式錯誤

有時當工作表過於複雜，公式又是複製來複製去的時候，偶而就會出現公式套用錯誤的情形。這時候，就可利用「錯誤檢查」的功能，來查核公式中所參照的儲存格流向，以便找出錯誤之處。

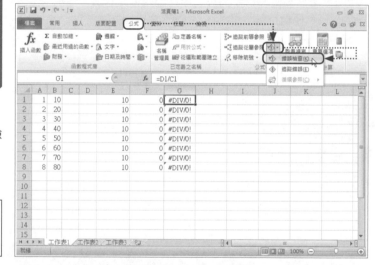

⭐1 選取出現錯誤的儲存格，接著點選【公式】活頁標籤→「公式稽核」群組中的「錯誤檢查」。

操作小撇步

當上下或左右公式不一致時，Excel會自動在儲存格左側出現警告標示◈，在其上按一下滑鼠左鍵，同樣可以追蹤公式錯誤之處。

⭐2 此時會跳出「錯誤檢查」對話盒，並顯示公式錯誤可能發生的原因。

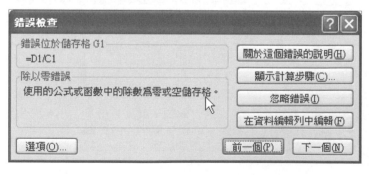

操作小撇步

如果希望追查計算的步驟流程，可以在「錯誤檢查」對話盒中點選〔顯示計算步驟〕按鈕，逐一進行運算的過程。

81

Trick 07 相對位址與絕對位址的參照

「相對位址」是指複製公式時，能依照儲存格位置的不同，自動在公式中替換成相對應的儲存格；而「絕對位址」則不管在哪個儲存格複製公式，都是以同樣的儲存格進行運算。我們可以依需求進行有不同的設定方式哦！

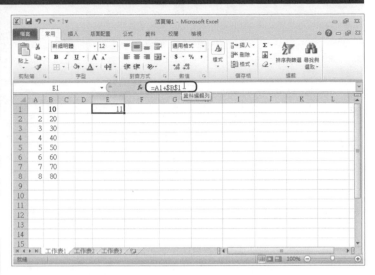

1 如圖所示，假設我們希望儲存格「E1」的公式「=A1+B1」複製到儲存格「E2」時，能保持B1固定不變，即變成「=A2+B1」。此時則需在公式中的「B」和「1」前，加上絕對位址的符號「$」，讓「E1」的公式變成「=A1+$B$1」。

操作小撇步

如果是「B$2」就稱為「混合位址」，當複製公式時「欄」會跟著變動，但是「列」卻固定在第2列。

2 此時將儲存格「E1」的公式向下複製，就可以看到其他儲存格的公式中，相對位址都改變了，只有絕對位址「$B$2」沒有改變。

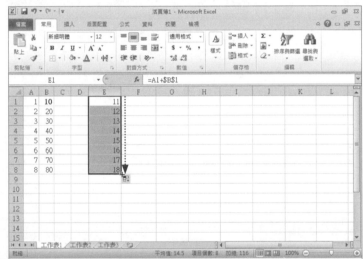

操作小撇步

也就是說，複製到儲存格「E2」的公式變成了「=A2+$B$1」，結果即為「12」。

Trick 08 快速排序資料

如果想針對某一欄的資料進行整個工作表的排序，並希望其他欄位也跟著一起移動，這時候Excel中的排序功能正好可以派上用場。

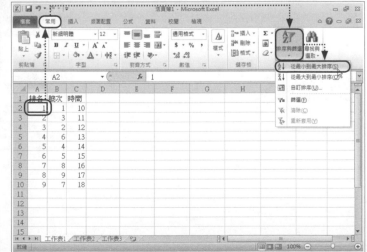

1 選取要排序的欄位後，依序點選【常用】活頁標籤→「編輯」群組中的「排序與篩選」，接著從下拉選單中選取【從最小到最大排序】。

操作小撇步

如果希望是以降冪的方式排序，則在下拉選單中點選【從最大到最小排序】。

82

2 此時即可看到所有資料已經依排名由小到大排序完成，而且其他欄位的資料內容也跟著移動。

操作小撇步

如果選取了某一欄再進行排序的動作，那麼只會針對那一欄的內容產生排序，其他欄位的順序仍維持不變。

Trick 09 快速篩選資料

當一份工作表的資料量相當龐大時，利用「篩選」功能可以快速地檢視特定的資料，也可以針對這些特定資料進行單獨的運算。

1 開啟活頁簿後，點選【常用】活頁標籤→「編輯」群組中的「排序與篩選」，並從下拉選單中選取【篩選】。

操作小撇步

也可以直接按鍵盤上的 Ctrl + Shift + 1 組合鍵，進行篩選的動作。

2 此時第一列的每個儲存格旁都會出現「下拉選單」▼符號，點選要篩選的欄位下拉選單，從選單中勾選要篩選的條件後，按下〔確定〕。

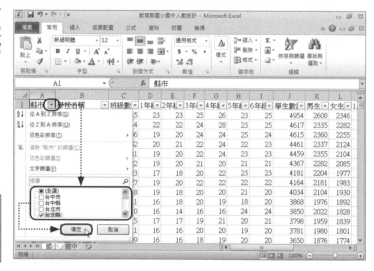

操作小撇步

如果選取的範圍不是在可篩選的資料內，就會出現「無法使用指定的範圍……，然後再執行指令一次。」對話盒，這時按下〔確定〕，重新選取範圍內的儲存格，再操作一次即可。

83

3 接著工作表上只會出現符合篩選條件的資料，其中篩選欄位旁的下拉選單圖示也會變成，表示是依據這個欄位進行篩選的。

操作小撇步

如果對於要運算的函數不熟悉，可以在「搜尋函數」方其他未顯示的資料只是隱藏起來而已，並沒有因為篩選的動作而消失或遭刪除，不必擔心原始資料受到變動。

Trick 10 進階篩選資料

當相鄰的儲存格所需要輸入的運算公式或函數相同時，也可以將現有的公式，快速複製到其他儲存格上哦！

1 利用前面介紹的方式設定篩選後，點選篩選欄位旁的下拉選單，並選擇【數字篩選】，再從子選單中挑選要進行篩選的條件。

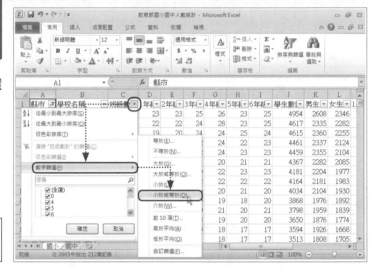

操作小撇步

如果是文字格式，則會出現【文字篩選】，子選單內的選項也會不同。

2 此時會出現「自訂自動篩選」對話盒，即可進行更詳細的篩選條件設定，設定好按下〔確定〕即完成。

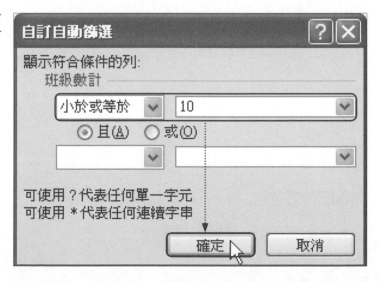

84

Trick 11 製作圖表

密密麻麻的工作表，若能搭配圖表的輔助，將能更清楚地呈現資料的統計狀況，使各個數值更一目瞭然，並更利於分析統計。

1 依序點選【插入】活頁標籤→「圖表」群組旁的圖，此時會出現「插入圖表」對話盒。

操作小撇步

如果只想針對工作表部分儲存格範圍製作圖表，就要先選取資料範圍。

2 接著在「插入圖表」對話盒左側窗格中，點選圖表類型，並從右側窗格選取合適的圖表樣式後，按下〔確定〕。

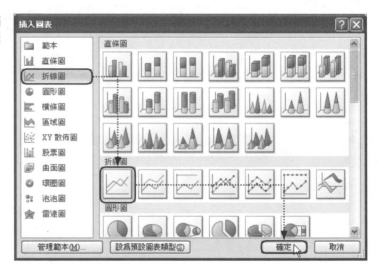

3 回到工作表後，即可看到我們剛才選取的圖表，已經依據儲存格裡的各項數值製成圖表，我們還可以在「圖形工具」的【設計】活頁標籤中，對圖表進行樣式及版面配置的調整。

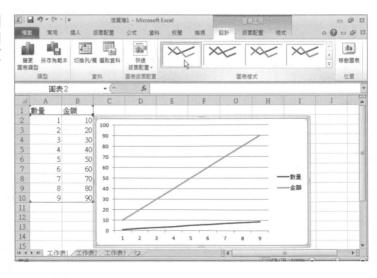

85

Trick 12 變更圖表類型

如果圖表製作完成後，才發現並不符合我們的需求時怎麼辦呢？別擔心，Excel2010提供了反悔的功能，即使製作完成的圖表，還是可以快速變更成其他的圖表。

⭐**1** 選取要變更的圖表，接著從【插入】活頁標籤的「圖表」群組中，挑選要變更的圖表類型，即可將原本的圖表變成其他樣式的圖表。

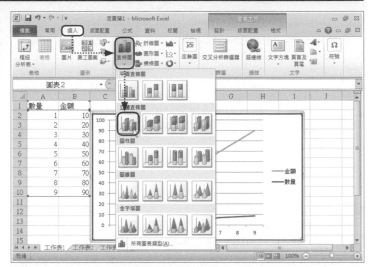

Trick 13 設定圖表版面配置

在Excel 2010中，插入合適的圖表後，還可以針對圖表的版面配置，以及圖表裡的圖例和標題進行格式的設定，讓圖表更美觀。

⭐**1** 選取要進行設定的圖表，然後依序點選【設計】活頁標籤→「圖表版面配置」群組中的「快速版面配置」，即可從下拉選單中選擇合適的版面配置。

⭐**2** 另外，在「圖形工具」的【版面配置】活頁標籤中，還可以針對標籤、座標軸和背景等，進行各項細節的調整。

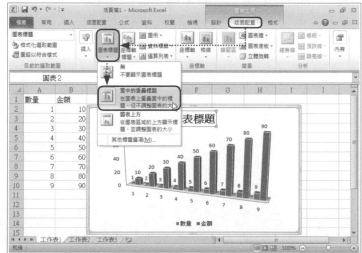

Trick 14 設定圖表的背景色

剛製作好的圖表，在預設情況下背景是沒有色彩的，此時我們可以根據需求，自行設定圖表區、繪圖區或是整個圖表的背景色，讓圖表更加美觀。

1 選取圖表區後，點選「圖表工具」【格式】活頁標籤中「圖案樣式」群組的「圖案填滿」，即可從下拉選單中選取合適的背景顏色。

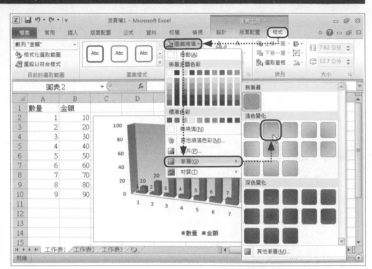

操作小撇步

將游標移到「圖案填滿」下拉選單時，可即時預覽填滿背景色的效果。

2 另外，若選取的範圍是圖表中的繪圖區，點選「圖案填滿」時，就會幫繪圖區加上背景色；如果沒有選取範圍，那麼就會幫整張圖表加上背景色。

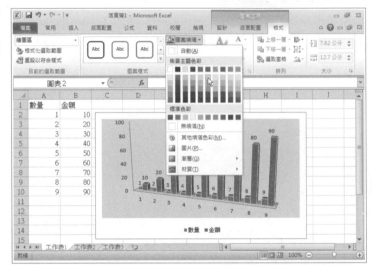

87

Trick 15 建立樞紐分析表

對於一些資料量龐大的工作表，常會需要進行資料上的匯整。這時候，Excel 2010中非常好用的「樞紐分析表」就派上用場了，千萬別被這個陌生的專有名詞給嚇到了，操作起來可一點都不難哦！

1 開啟要建立樞紐分析表的檔案，然後依序點選【插入】活頁標籤→「表格」群組中的「樞紐分析表」，並從下拉選單中選取【樞紐分析表】。

2 此時會開啟「建立樞紐分析表」對話盒，
在「選取表格或範圍」框格中輸入所需的
資料範圍後，點選「新工作表」，接著按下〔確
定〕。

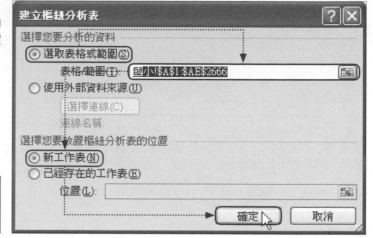

操作小撇步

點選「新工作表」，建立的樞紐分析表會放在新的工作
表中；若點選「已經存在的工作表」，則表示將建立的
樞紐分析表會放置在原工作表中。

88

3 此時會出現一個空的樞紐分析表，視窗右側
也會出現「樞紐分析表欄位清單」窗格，我
們可以用拖曳的方式，將清單中的欄位依需求拖
曳到下方，進行樞紐分析表的欄位配置。

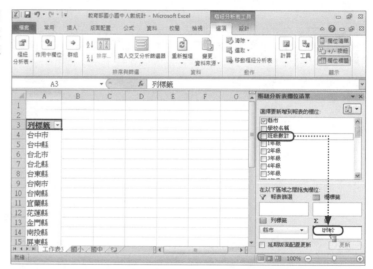

4 如果計算的值不符合我們的需求，可以點選
右邊窗格下方的欄位名稱，並從下拉選單中
選取【值欄位設定】。

5 接著在「值欄位設定」對話盒中，即改變欄位的計算方式，並可自訂欄位名稱，變更完畢按下〔確定〕即完成。

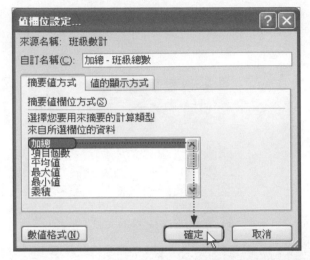

Trick 16 同時建立樞紐分析圖及樞紐分析表

除了樞紐分析表外，也可以利用同樣的方式，在建立樞紐分析表的同時，也建立所需的樞紐分析圖，讓資料數據分析更加清晰詳細。

1 開啟要建立樞紐分析表的檔案，然後依序點選【插入】活頁標籤→「表格」群組中的「樞紐分析表」，並從下拉選單中選取【樞紐分析圖】。

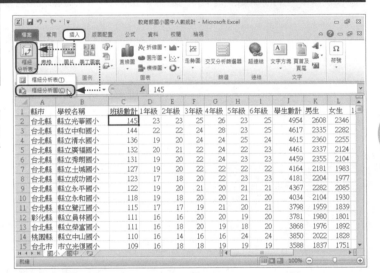

2 接著依前述方法建立樞紐分析表，即會同時產生樞紐分析表及樞紐分析圖了。

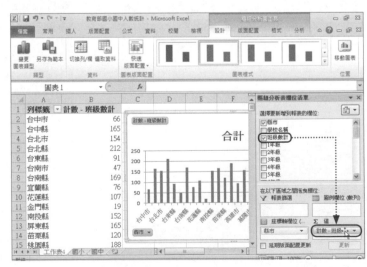

操作小撇步

可以利用功能區的「樞紐分析圖工具」各項功能，進行「樞紐分析圖」的各項細節設定與調整。

89

檔案安全性設定

Chapter 5

因應工作報表的不同屬性，Excel設計了不同程度的保護措施，從基本的單張工作表的保護、整本活頁簿的保護，到最高級的機密文件的開啟保護，一應俱全。對於一些保密性的資料，若不想被別人看到，就可以利用保護密碼將資料隱藏起來；或是有些報表不容許其他人更改，也可以選擇將其「鎖」起來，避免被人做任何修改。

Trick 01 設定開啟檔案的保護密碼

對於機密文件的保護要更加嚴密，根本之道就是設定開啟檔案的密碼，禁止別人隨意開啟或修改檔案。

① 開啟要設定密碼的文件後，依序點選【檔案】活頁標籤→【另存新檔】，此時會出現「另存新檔」對話盒，按下左下角的〔工具〕，再從下拉選單中點選【一般選項】。

② 接著會跳出「一般選項」對話盒，可以根據檔案的私密程度，在「保護密碼」與「防寫密碼」空白框中設定不同的密碼，然後按下〔確定〕。

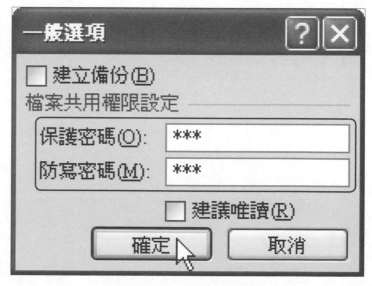

操作小撇步

「保護密碼」表示需要密碼才能開啟活頁簿，「防寫密碼」表示可以開啟活頁簿，但需要密碼才能修改內容，可以只選擇設定其中一項密碼保護或兩者都設定。

90

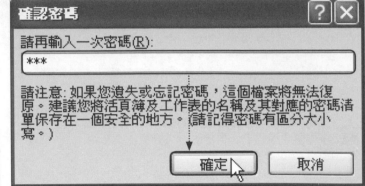

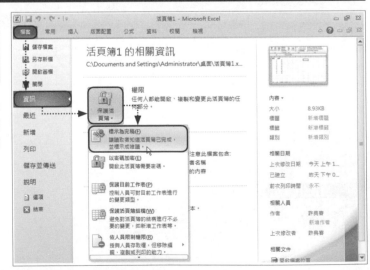

3 接著會出現「確認密碼」對話盒，如果同時設定「保護密碼」及「防寫密碼」，就分別再輸入一次兩者的密碼進行確認，確認無誤後按下〔確定〕即完成。

操作小撇步

一定要牢牢記住密碼，否則檔案將可能無法開啟。萬一真的忘記了，必須使用「Office Password Remover」這類的軟體，才能重新取得密碼。

Trick 02 取消開啟檔案的保護密碼

如果覺得每次開啟或修改檔案都要輸入密碼只是幫自己添麻煩，或是原先的機密檔案已經不再重要時，可以取消我們設定的保護密碼，節省開啟檔案的時間。

1 開啟設定密碼的活頁簿檔案後，點選【檔案】活頁標籤→【另存新檔】，並在「另存新檔」對話盒中按下〔工具〕→【一般選項】。當「一般選項」對話盒出現後，將原本「保護密碼」與「防寫密碼」這兩個框格中的密碼刪除，最後按下〔確定〕並存檔即可。

操作小撇步

雖然我們是在「另存新檔」對話盒中，但不要用另一名稱去儲存檔案，如此才能將我們更改的設定覆蓋到原檔案中。

91

Trick 03 讓檔案不被別人任意修改

如果文件不希望設定密碼搞得那麼複雜，但是又不想讓其他人任意修改，這時候可以將文件設定為「完稿狀態」，就只能以唯讀的方式開啟活頁簿檔案了。

1 點選【檔案】活頁標籤→【資訊】，接著點選「保護活頁簿」，並從下拉選單中選取【標示為完稿】，在出現的對話盒中按下〔確定〕後，即可將活頁簿檔案變更為唯讀狀態了。

Trick 04 保護單張的工作表

如果一份活頁簿檔案中，只是希望某張工作表的特定功能不想被別人更動時，可以利用Excel 2010中「保護工作表」的功能，進行工作表的細項功能權限設定。

1 先切換到要進行保護設定的工作表，然後依序點選【校閱】活頁標籤→〔變更〕群組中的「保護工作表」。

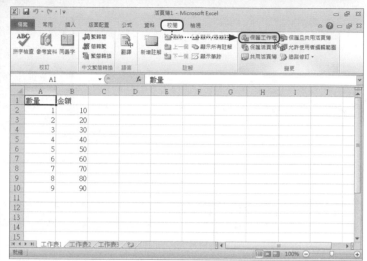

操作小撇步

保護工作表的設定，只針對單一工作表。如果每張工作表都要設定保護，就必須逐一進行設定。

2 此時會出現「保護工作表」對話盒，在「允許此工作表的所有使用者能」選單中，勾選允許使用者執行的項目。接著在「要取消保護工作表的密碼」方框中輸入密碼，然後按下〔確定〕。在「確認密碼」對話盒中再次輸入密碼後，最後按下〔確定〕，就可以在允許的某些權限下，保護這張工作表了。

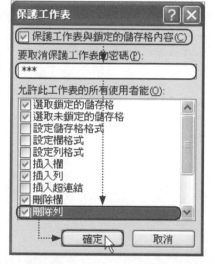

操作小撇步

密碼的字數不限，但英文的大小寫有區別。

3 當要在工作表中進行非允許的動作時，就會跳出警告對話盒，除非取消保護工作表，否則將無法進行相關動作。

操作小撇步

要取消保護工作表，則按下【校閱】活頁標籤→〔變更〕群組中的「取消保護工作表」，並在「取消保護工作表」對話盒中輸入密碼，再按下〔確定〕，即可取消該工作表的保護。

92

Trick 05 保護整本的活頁簿

工作表的保護,是針對工作表內容的操作權限進行設定,雖然別人無法修改工作表內容,卻可以把這張工作表刪除掉。因此對於重要的文件,最好還要將整個活頁簿鎖起來,防止其他人修改活頁簿的結構或工作表的視窗大小。

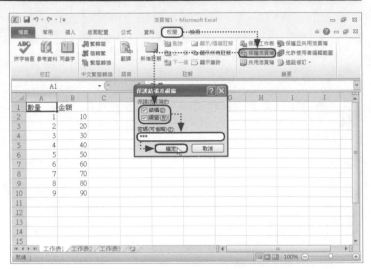

1 依序點選【校閱】活頁標籤→〔變更〕群組中的「保護活頁簿」,此時會出現「保護結構及視窗」對話盒。勾選要保護的選項,然後在「密碼」方框中輸入密碼,再按下〔確定〕。在「確認密碼」對話盒中再次確認密碼並按下〔確定〕,即完成設定。

操作小撇步

「保護結構及視窗」對話盒裡的「結構」保護,可以預防使用者刪除、移動、隱藏、取消隱藏、重新命名、插入工作表等;而「視窗」保護,則可以預防使用者改變工作表視窗的位置及大小。

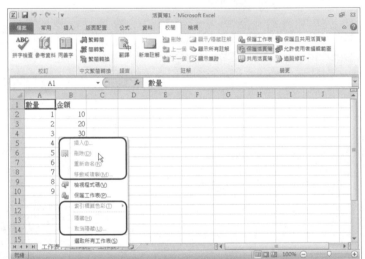

2 此時在左下角的工作表活頁標籤按滑鼠右鍵,就會發現有些功能是禁止操作的。

Trick 06 取消活頁簿的保護設定

如果想一想又想取消活頁簿的保護設定時,就要記住前面設定的密碼,否則將無法取消保護活頁簿哦!

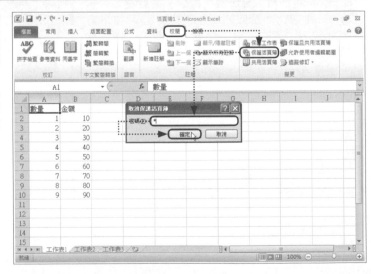

1 依序點選【校閱】活頁標籤→〔變更〕群組中的「保護活頁簿」,當出現「取消保護活頁簿」對話盒後,輸入密碼再按下〔確定〕,就可以取消保護活頁簿的設定了。

Trick 07 依人員限制權限

如果希望權限的設定能夠因人而異，這時候就得藉助微軟所提供的「Windows Right Management」管理機制，來協助我們進行這部分的控管。

1 點選【檔案】活頁標籤的【資訊】，並從「保護活頁簿」下拉選單中選取【依人員限制權限】→【限制存取】。

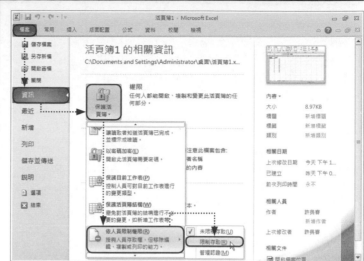

2 如果是第一次使用這項功能，會要求我們先下載安裝「Windows Right Management」，安裝完成後會出現「服務註冊」對話盒，點選「是，我要向Microsoft註冊此免費服務」後，使用「Windows Live ID」完成註冊服務的動作。

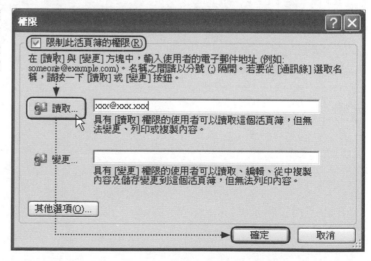

3 完成註冊後，會出現「權限」對話盒，勾選「限制此活頁簿的權限」後，即可在下方依權限按下〔讀取〕或〔變更〕，然後從通訊錄中選取要開放權限的使用者名稱，最後按下〔確定〕即完成。

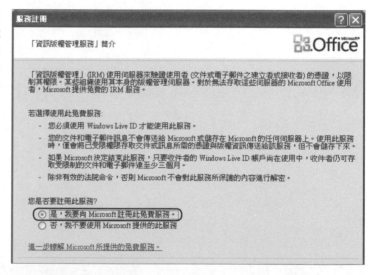

Chapter 6 版面設定與列印技巧

在Excel 2010中，有關列印的設定大致與Office的其他軟體相同，不過若想把文件列印的更漂亮，Excel還有一些特殊技巧，像是調整列印範圍、自動在每一頁加上標題列、縮小或放大列印等功能，能讓文件印得更清楚、美觀又完整哦！

Trick 01 使用預覽列印功能檢視內容

為了避免浪費紙張，列印前可以先預覽一下列印的結果，再決定是否要列印，或是需要再加以調整。

★1 點選【檔案】活頁標籤→【列印】，即可在右側窗格即時檢視列印效果，同時底下會顯示總共的頁數，而你也可以點選左右箭頭切換到其他頁。

Trick 02 利用「分頁預覽」觀看列印範圍

如果覺得預覽列印的方法不夠犀利，我們還可以利用「分頁預覽」的方法，來檢視列印的頁面與各頁的排列情形。

★1 依序點選【檢視】活頁標籤→「活頁簿檢視」群組中的「分頁預覽」，此時會出現「歡迎使用分頁預覽」對話盒，按下〔確定〕後即可看到工作表中以藍色虛線呈現「分頁預覽」的畫面，並有第幾頁的浮水印。

操作小撇步

若不希望「歡迎使用分頁預覽」對話盒每次都跳出來，可以勾選「不要再顯示這個對話方塊」。

Trick 03 利用分頁線調整列印頁面大小

利用「分頁預覽」的方式，也可以調整列印頁面的大小哦！這樣不但能更直覺地調整頁面大小，而且可以按照儲存格的資料內容，來決定適當的分頁位置。

① 將工作表切換到「分頁預覽」模式後，將游標移到要調整的藍色分頁虛線上，當游標變成 ↔ 狀時，按住滑鼠左鍵不放，即可將虛線拖曳到要列印的範圍。

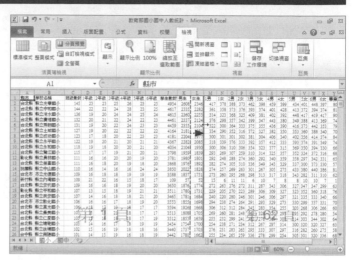

② 放開滑鼠左鍵後，會發現原本的分頁線經過調整之後，變成以實線方式顯示。

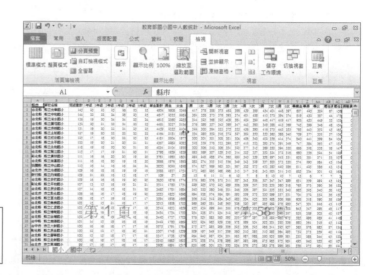

 **操作小撇步**

虛線的分頁線代表電腦預設的列印範圍，經過調整之後的分頁線則以實線表示。調整好之後，可按下「標準模式」按鈕，返回編輯模式。

Trick 04 只列印選取範圍

Excel不只可以整頁列印，還可以只列印特定的選取範圍，這樣子也可以輕鬆隱藏其他不需要列印出來的資料了。

① 先選取要列印的範圍，然後點選【檔案】活頁標籤→【列印】，然後在窗格中間「設定」的地方，點選「列印使用中的工作表」，並從下拉選單中選取【列印選取範圍】，就會只列印選取的儲存格範圍。

操作小撇步

選好之後右側預覽窗格可以直接預覽列印的效果。

Trick 05 列印整本活頁簿

有時我們並不只要列印活頁簿中的某個工作表，而是需要將所有的工作表全部列印出來。這時候，只有沒看過這則技巧的人，才會一張一張工作表去點選列印。

1 點選【檔案】活頁標籤中的【列印】，然後從「設定」下方的「列印使用中的工作表」下拉選單中，選取【列印整本活頁簿】功能，就可以一次將整本活頁簿裡的所有工作表通通列印出來。

操作小撇步
在「列印」的「複本」方框中，可以輸入要列印的活頁簿份數。

Trick 06 跨頁列印標題

當要列印的工作表超過一頁時，如果能在每一頁的開頭，都自動加上標題列與標題欄，這樣就不必每次都得翻到第一頁，才能知道每個欄位的定義了。嗯！Excel很聰明，不需要我們逐頁加上標題列哦！

1 依序點選【版面配置】活頁標籤→「版面設定」群組中的「列印標題」，此時會開啟「版面設定」對話盒。

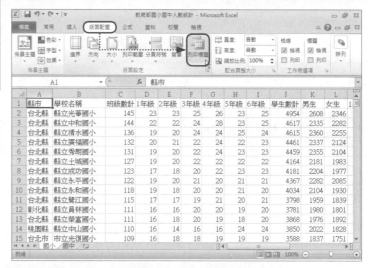

2 切換到【工作表】活頁標籤，接著在「列印標題」底下的「標題列」及「標題欄」空白框中，輸入標題列及標題欄的範圍，最後按下〔確定〕，即可在列印時自動在每一頁加上標題列及標題欄。

97

Trick 07 設定列印格線

雖然在Excel可以幫儲存格加上框線，但是框線列印出來太黑太粗，有時反而會影響閱讀的視覺。這時候，我們可以設定一下，不必加上框線，也能把儲存格格線列印出來。

1 點選【版面配置】活頁標籤→「版面設定」群組中的「列印標題」，並將「版面設定」對話盒切換到【工作表】活頁標籤，然後勾選「列印格線」，再按下〔確定〕，就可以在列印時讓所有的儲存格都加上細緻不礙眼的格線。

操作小撇步

在【檔案】活頁標籤的「列印」中，也可以預覽加上格線的列印效果。

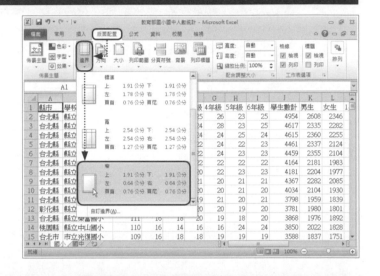

Trick 08 調整列印範圍的大小

當資料範圍只超出列印範圍一點點時，可以藉著調整邊界範圍，讓紙張容納所有的資料。

1 依序點選【版面配置】活頁標籤→「版面設定」群組中的「邊界」即可從下拉選單中選取現成的邊界設定值，並可至【檔案】活頁標籤的「列印」中，預覽列印效果。

操作小撇步

如果在下拉選單中找不到合適的邊界大小，也可以點選【自訂邊界】，自行設定上、下、左、右的邊界寬度。

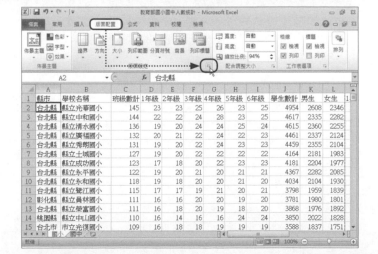

Trick 09 縮放工作表大小以符合列印頁數

除了設定邊界外，還可以透過縮放比例的方式，縮放工作表的顯示大小，調整至符合列印紙張的大小。

1 切換到【版面配置】活頁標籤後，點選「版面設定」旁的圖示，此時會跳出「版面設定」對話盒。

將「版面設定」對話盒切換到【頁面】活頁標籤，並在「縮放比例」中點選「調整成」，然後設定要調整成幾頁寬和幾頁高後，按下〔確定〕即完成。

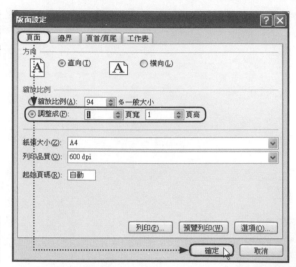

操作小撇步

在【檔案】活頁標籤的「列印」中，可以預覽縮放後的列印效果。

Trick 10 置中列印讓報表更美麗

Excel預設會將文件靠左上角列印，如果資料的範圍較小，列印出來可能就不是那麼好看，這時可以將工作表改成「置中」列印，讓印出來的文件更美觀。

點選【版面配置】活頁標籤中「版面設定」旁的圖示，並將跳出的「版面設定」對話盒切換到【邊界】活頁標籤。接著在「置中方式」中勾選要置中的選項後，按下〔確定〕即完成。

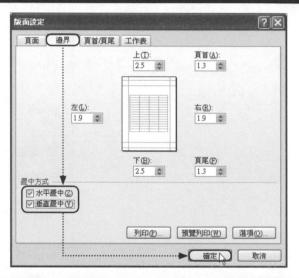

操作小撇步

在【檔案】活頁標籤的「列印」中，同樣可以預覽置中的效果。

Trick 11 設定列印的頁首及頁尾

如果在列印Excel工作表時，能在頁首或頁尾適時加上一些頁碼、檔案名稱、工作表名稱或時間等資訊，將使日後整理紙本文件時更一目瞭然。

切換到【插入】活頁標籤後，點選「文字」群組中的「頁首及頁尾」。

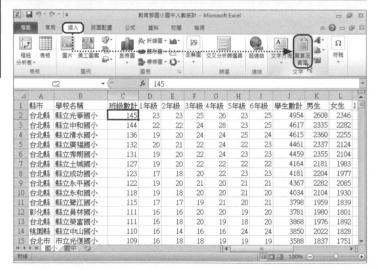

2 此時會出現「頁首及頁尾工具」，即可在【設計】活頁標籤中，根據需求在頁首和頁尾插入相關的項目。

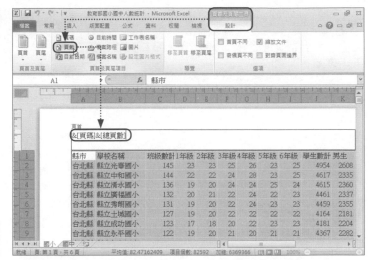

操作小撇步

還可以勾選「首頁不同」、「奇偶頁不同」等項目。

3 此外，點選【版面配置】活頁標籤中「版面設定」旁的 圖示，也可以在「版面設定」對話盒的【頁首/頁尾】活頁標籤中，進行頁首和頁尾的設定。

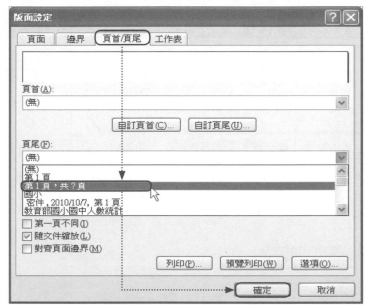

Trick 12 更改報表的列印順序

一般在列印工作表時，會從上往下循欄列印，不過有時可能會需要從左至右循列列印的方式，這時候就需要更改報表的列印順序。

1 點選【版面配置】活頁標籤中「版面設定」旁的 圖示，將「版面設定」對話盒切換到【工作表】活頁標籤，接著在「列印方式」中選擇列印的方向，最後按下〔確定〕即完成。

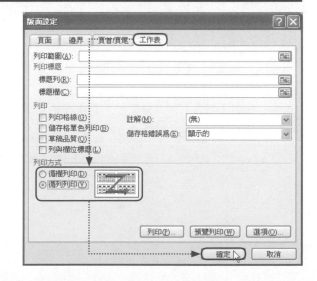

PowerPoint
簡報高手

PowerPoint 2010主視窗操作介面簡介

❶ **活頁標籤：**按一下不同的活頁標籤，即可打開相應的功能群組。

❷ **功能群組：**在功能區中包括很多群組，並集合PowerPoint多個功能按鈕。

❸ **標題列：**顯示投影片標題，也可以查看目前開啟的檔案名稱。

❹ **快速存取工具列：**在該工具列中集成了多個常用的按鈕例如：「復原」、「列印」按鈕等，在預設狀態下是「儲存檔案」、「復原」和「取消復原」按鈕。

❺ **視窗操作鈕：**使視窗最大化、最小化的控制按鈕。

❻ **大綱/投影片瀏覽窗格：**顯示投影片的大綱或投影片縮圖。

❼ **投影片窗格：**顯示目前投影片，使用者可以在該窗格中對投影片內容進行編輯。

❽ **備忘稿：**可用來新增與投影片內容相關的註釋，供演講者簡報時參考。

❾ **狀態列：**狀態列用於顯示目前的檔案資訊。

❿ **版面配置：**用於快速切換到不同的版面配置。

⓫ **顯示比例：**透過拖曳中間的縮放滑桿來選擇工作區的顯示比例。

Chapter 1
PowerPoint 簡報基礎操作

想要建立精美的簡報，PowerPoint當然是最好的選擇。在PowerPoint中要建立新的簡報檔案有許多方法，像是利用內建的範本、佈景主題或利用現有的簡報檔案來建立新檔。除了學會如何建立簡報外，還要來看看如何增刪簡報中的投影片張數，以及如何設定投影片的版面配置等基本技巧。

Trick 01 利用內建範本建立新檔

利用PowerPoint內建範本建立一個新的簡報檔，不但可以快加簡報製作的時間，也會讓我們的簡報檔感覺更專業，這麼好用的方法一定要學起來哦！

1 首先切換到【檔案】活頁標籤，然後在左側選單中點選【新增】，並從頁面中間點選「範例範本」。

操作小撇步

在底下的「Office.com範本」區塊中，可以找到更多類別的範本。

2 此時會出現各式的範本，利用垂直捲軸找到合適的範本後，可以從右側預覽範本的格式，按下〔建立〕即會將範本樣式就會套用到整份簡報上，只需修改文字或圖片內容即可迅速完成一份簡報檔。

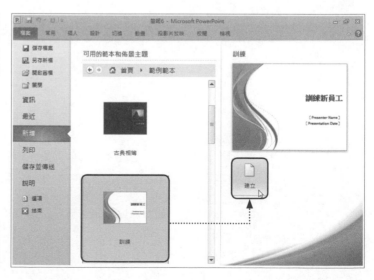

操作小撇步

即使是現成的範本，還是可以運用後面會介紹到的版面配置或佈景主題等功能進行版面及色彩的調整。

Trick 02 利用佈景主題範本建立新檔

除了具有整體風格與調性的範本之外，PowerPoint還提供數十種顏色、背景及樣式迥異的「佈景主題」，方便我們建立簡報時迅速套用。

1 依序點選功能表的【檔案】活頁標籤→【新增】，然後從頁面中間點選「佈景主題」。此時會出現各式的佈景主題，從右側預覽格式找到合適的佈景主題後，按下〔建立〕即可將佈景主題套用到整份簡報上。

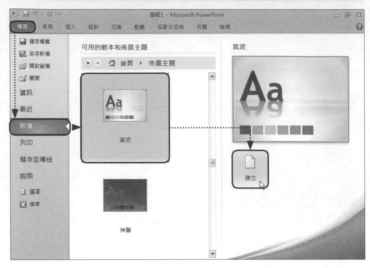

操作小撇步

簡報檔製作過程中，隨時都可以透過【設計】活頁標籤中「佈景主題」群組的下拉選單，變更佈景主題。

Trick 03 將簡報檔案以唯讀方式開啟

有時開啟別人已完成的簡報檔案，不希望不小心更動到別人的檔案。此時可以在一開啟檔案時，就以唯讀的方式開啟，這樣打開的檔案就只能瀏覽，不能修改。

1 依序點選功能表的【檔案】活頁標籤→【開啟舊檔】。「開啟」對話盒出現後，切換到儲存檔案的資料夾，然後點選欲開啟的檔案，再按下〔開啟〕旁的下拉選單，並從選單中點選【開啟為唯讀檔案】即可。

操作小撇步

同時按鍵盤上的 **Ctrl** + **O** 鍵，也可以快速開啟「開啟」對話盒。

延伸學習：

〔開啟〕下拉選單的各選項說明

【開啟】：以正常方式打開選取的檔案。

【開啟為唯讀檔案】：以唯讀的方式打開選取的檔案，此時檔案只能瀏覽不能修改。

【開啟複本】：對複本的修改不會影響原始檔案。

【以瀏覽器開啟】：對網頁檔案有效，在網頁瀏覽器中顯示檔案。

【以受保護的檢視開啟】：對於來自可能不安全位置的檔案，受保護的模式開啟，可避免遭惡意程式攻擊。

【開啟並修復】：當檔案毀損或不正常關閉時，可以在開啟時同時修復檔案。

Trick 04 新增投影片

在PowerPoint簡報檔中要增加一張新的投影片，是一件非常簡單的動作，而且還能直接套用原有的佈景主題呢！

1 在【常用】活頁標籤的「投影片」群組中，點選「新增投影片」選單，選擇不同的版面配置後，即可新增一張相同佈景主題的投影片。

操作小撇步

若不需更動版面配置，可以直接按「新增投影片」上面的 圖示 即可快速新增投影片。

2 另外，從投影片瀏覽窗格中，在現有的投影片上按滑鼠右鍵，選取快速選單中的【新增投影片】，也可以快速新增一張投影片哦！

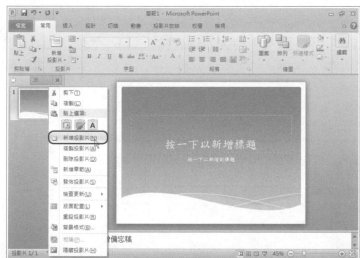

操作小撇步

同時按鍵盤上的 **Ctrl** + **M** 鍵也能快速新增一張投影片。

Trick 05 新增簡報章節

一份比較大的簡報檔，如果沒有區分章節，會對編輯上會有些辛苦。因此在PowerPoint 2010中，特別新增了「簡報章節」的概念，可以針對單一章節進行編輯，同時也能讓整份簡報的架構更清楚。

1 從投影片瀏覽窗格中點選要新增章節的投影片後，點選【常用】活頁標籤「投影片」群組中的「章節」 按鈕，並從下拉選單中選取【新增章節】，即可幫投影片新增章節。

操作小撇步

在投影片瀏覽窗格中按滑鼠右鍵，也可以從快速選單中的選取【新增章節】。

2 再次點選「章節」 按鈕，即可從下拉選單中進行重新命名章節、移除單一章節或移除所有章節的動作。

操作小撇步

在投影片瀏覽窗格中按滑鼠右鍵，也可以從快速選單中進行相同的動作。

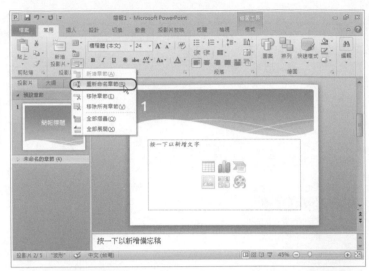

Trick 06 重新設定投影片的版面配置

在簡報檔製作過程中，如果對投影片版面設置不滿意，隨時都可以重新調整要套用的版面配置，而且不會變動到佈景主題。

1 點選要更換版面的投影片，接著按下【常用】活頁標籤中「投影片」群組的「投影片版面配置」 按鈕，就可以在選單中挑選想要更換的版面配置了。

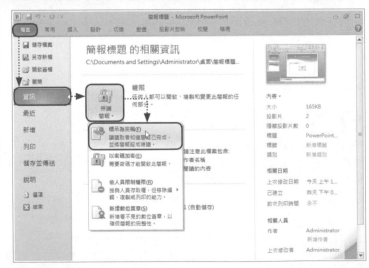

操作小撇步

如果改了半天都不滿意，直接按下「版面配置」按鈕下方的「重設」即可。

Trick 07 將簡報檔標示成完稿

為了區別簡報檔的完成進度，在PowerPoint 2010中可以為檔案加上「完稿」記號，提醒使用者工作的進度。一旦打開標示為完稿的檔案，也無法編輯或刪改任何內容。

1 依序點選功能表【檔案】活頁標籤→【資訊】→「保護簡報」，然後在下拉選單中選取【標示為完稿】，並在跳出的確認對話盒中按下〔確定〕，即可將簡報檔標示為完稿狀態。

② 此時簡報檔會以唯讀的方式開啟，並在上
方訊息列出現「標示為完稿」的訊息。如
果要再進行編輯，只要按下訊息列上的〔繼續編
輯〕，即可解除唯讀的狀態。

🔧 操作小撇步

如果找不到上方的訊息列，可以回到【檔案】活頁標籤
→【資訊】→「保護簡報」，再點選一次【標示為完
稿】，即可恢復為一般狀態。

Trick 08 投影片檢視方式

PowerPoint 2010提供了4種不同的檢視方
式，使用者可以根據自己的需求，選擇適
合的簡報檢視方式進行檢視和編輯。

1 切換到【檢視】活頁標籤，即可在「簡報檢
視」群組中，依需求點選「標準模式」、
「投影片瀏覽」、「備忘稿」或「閱讀檢視」等
四種簡報檢視方式。

🔧 操作小撇步

除了檢視投影片版面狀態，還可以在左側切換到〔大
綱〕標籤，察看投影片的大綱階層。

Trick 09 將簡報存成播放檔

製作完成的簡報檔，我們可以將它直接儲
存成PowerPoint播放檔，這樣子在進行簡
報時，就不需要先開啟PowerPoint並選取
檔案後，才能進行播放的動作。

1 依序點選【檔案】活頁標籤→【儲存並傳
送】→「變更檔案類型」，然後從右側窗格
中選取「PowerPoint播放檔」，按下下方的〔另
存新檔〕。

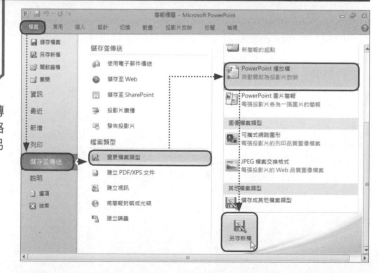

② 接著在「另存新檔」對話盒中，選取儲存的路徑並輸入檔名後，按下〔儲存〕即可將檔案儲存成播放檔。

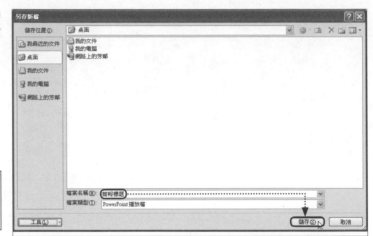

操作小撇步
也可以直接在【檔案】活頁標籤中點選【另存新檔】，然後利用「另存新檔」對話盒的「檔案類型」下拉選單，也可以將檔案儲存成PowerPoint播放檔。

Trick 10　幫簡報檔加上密碼

如果不希望簡報檔讓人任意開啟，可以在儲存檔案時幫簡報檔加上密碼，必須使用密碼才能開啟檔案。

① 點選【檔案】活頁標籤→【另存新檔】，然後按下「另存新檔」對話盒左下方的〔工具〕，並從下拉選單中選取【一般選項】。

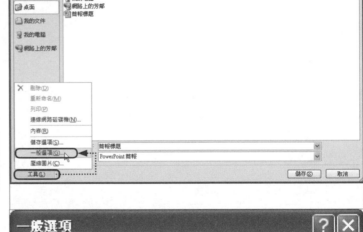

操作小撇步
如果簡報中的圖片較多，可以在下拉選單中選取【壓縮圖片】，存檔時會順便進行壓縮圖片的動作，讓檔案不會太大。

② 此時會跳出「一般選項」對話盒，如果希望輸入密碼才能開啟檔案，就在「保護密碼」後方框格中設定密碼；如果希望對方只能讀取不能修改，就在「防寫密碼」後方框格設定密碼。密碼設定好後按下〔確定〕，在「確認密碼」對話盒中再輸入一次密碼並按〔確定〕即完成。

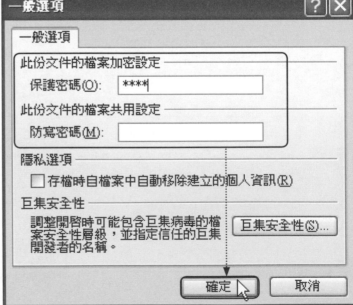

操作小撇步
如果是設定保護密碼，千萬要記住自己設定的密碼，否則會無法開啟簡報檔。要移除密碼的話，只要再進入「一般選項」對話盒，把設定的密碼刪掉再按〔確定〕即可。

107

簡報文字標題設定技巧

Chapter 2

一張投影片是由文字方塊和各種物件所組成的，接下來就來看看如何在投影片中進行文字美化設定，並利用大綱層次編排簡報內容，以及如何借助備忘稿製作簡報說明提示，讓我們上台進行簡報時，能更加流利順暢。

Trick 01 在投影片中加入文字方塊

雖然在PowerPoint預設的版面配置中就可以輸入文字，不過有時預設的版面配置仍無法符合我們的需求。這時候就需要手動加入文字方塊，讓投影片擁有更豐富、充實的內容。

1 切換到【插入】活頁標籤的「文字」群組，點選「文字方塊」的下拉選單，選取要「水平文字方塊」或「垂直文字方塊」。接著在要放置文字方塊的位置上按住滑鼠左鍵，就可以依需要的大小拖曳出新的文字方塊。

操作小撇步
如果想刪除文字方塊，只要選取該文字方塊後，再直接按下鍵盤上的 Delete 鍵即可。

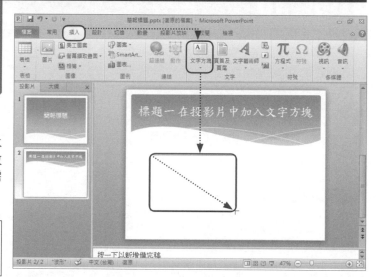

2 將游標移到文字方塊的邊框上，讓游標變為 ↔ 狀。此時按住滑鼠左鍵拖曳，就能移動文字方塊了。

操作小撇步
拖曳文字方塊四周的端點，可以調整文字方塊的大小。

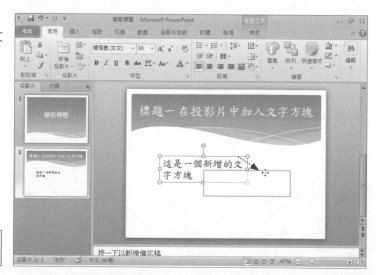

3 將游標移到文字方塊上方的綠色圓點，當游標變成 🔥 狀時按住滑鼠左鍵不放，即可對文字方塊進行任意角度的旋轉。

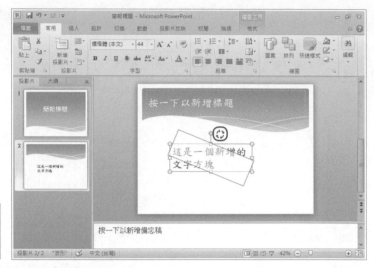

操作小撇步

也可以在游標變成 🔥 狀時按滑鼠右鍵，從快速選單選取【大小及位置】，然後從「格式化圖案」對話盒【大小】頁籤中的「旋轉」輸入要旋轉的角度。

Trick 02 調整文字間距

在Word中，我們可以調文字之間的距離，以及段落之間的距離。在PowerPoint中，同樣也可以幫文字調整間距，讓簡報閱讀起來更舒適順眼。

1 依序點選【常用】活頁標籤→「字型」群組→「字元間距」 🔤 按鈕，即可從下拉選單中，選取合適的字元間距。

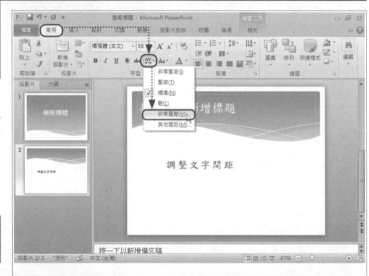

操作小撇步

當游標在下拉選單移動時，可以即時預覽不同的文字間距效果。

Trick 03 設定讓文字自動換行

如果在一個文字方塊中輸入太多文字，會發現文字都跑到文字方塊甚至投影片外面去了，這時我們可以設定讓文字自動換行，避免文字跑到外面。

1 依序點選【常用】→【段落】中的「對齊文字」 🔳 按鈕，在下拉選單中按下「其他選項」。

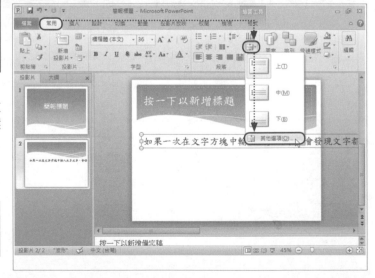

操作小撇步

如果單純要讓文字靠上、靠中或靠下對齊，則直接在下拉選單中選取【上】、【中】或【下】，可即時預覽對齊後的結果。

2 此時會打開「文字效果格式」對話盒，切換到「文字方塊」，在「內邊界」選項區域中勾選「圖案的文字自動換行」核取方塊，然後按下〔關閉〕按鈕。返回投影片中，即可看到文字方塊中的文字自動換行，整齊的排列在文字方塊內。

操作小撇步

如果自動換行後文字仍超出投影片，可以縮小字體或刪減內容。

Trick 04 設定文字行距

PowerPoint中除了可以調整字距外，將行距進行適當的調整，也能讓簡報看起來更清爽舒服，調整行距的方式也相當簡單，趕快來看看如何調整簡報檔中的行距吧！

1 依序點選【常用】活頁標籤→「段落」群組中的「行距」 按鈕，即可從下拉選單中勾選合適的行距倍數。

操作小撇步

當游標在下拉選單移動時，可即時預覽不同的行距效果。

Trick 05 幫文字加上陰影

在簡報檔中，要強調部分文字內容，除了利用粗體字、變換字體顏色，或是放大字體外，也可以幫這些文字加上陰影哦！而且不需要太複雜的步驟，只要按一個鈕就能成！

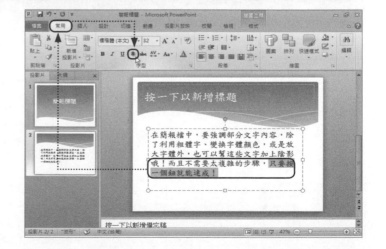

1 選取要加陰影的文字後，按下【常用】活頁標籤→「字型」群組中的「文字陰影」 按鈕，即可為選取的文字加上陰影了。只要再按一次「文字陰影」按鈕，即可取消陰影效果。

操作小撇步

如果沒有選取文字，那麼整個文字方塊的內容都會加上文字陰影效果。

Trick 06 為文字方塊加上背景顏色

除了利用文字的格式變化,可以用來強調文字的重要性或增進閱讀的方便性外,還可以為文字方塊加上背景顏色,使它看起來更美觀、更引人注意。

⭐**1** 點選欲加上背景顏色的文字方塊,然後在【繪圖工具】→【格式】活頁標籤的「圖案樣式」群組中,點選「圖案填滿」,即可在下拉選單中選擇喜愛的背景顏色了。

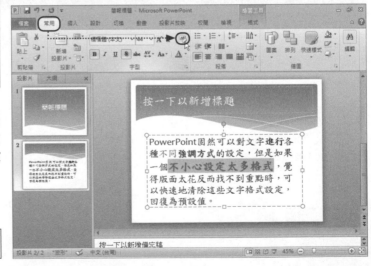

🔧 操作小撇步

除了單一顏色的背景外,還可以選取漸層或各種材質做為文字方塊的背景。

Trick 07 為文字方塊設定框線

適當地運用文字方塊的框線,可以有效的區隔版面和文字的內容。如果利用框線製作出說明或註解等效果,還可以使簡報的內容更加生動清晰。

⭐**1** 點選欲加上框線的文字方塊,然後在【繪圖工具】→【格式】活頁標籤的「圖案樣式」群組中,點選「圖案外框」,即可在下拉選單中選擇喜愛的外框色彩了。

🔧 操作小撇步

除了框線的色彩外,也可以自行設定框線的寬度和虛線樣式等。

111

Trick 08 清除文字格式設定

PowerPoint固然可以對文字進行各種不同強調方式的設定,但是如果一個不小心設定太多格式,覺得版面太花反而找不到重點時,可以快速地清除這些文字格式設定,回復為預設值。

⭐**1** 選取要回復預設值的文字,然後點選【常用】活頁標籤中「字型」群組的「清除所有格式設定」 按鈕,即可清除所有的文字格式設定,回復成預設值。

🔧 操作小撇步

一定要選取文字,才能進行文字格式的清除。

Trick 09 活用「大綱」層次編排簡報內容

利用設計範本進行簡報設計的好處之一，就是可以進一步利用「大綱」工具列來協助編排或調整簡報內容的層次、大小與格式，而且操作方法非常簡便。

1 首先在左側切換到〔大綱〕標籤，察看投影片的大綱階層。

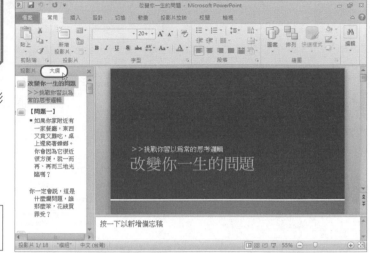

操作小撇步

在下拉選單中點選【自動調整列高】，則會自動將選取的欄位調整為適合的列高。

2 接著選取想要調整層次的文字方塊，然後按下滑鼠右鍵，就可以利用功能選單調整文字的層次和格式。

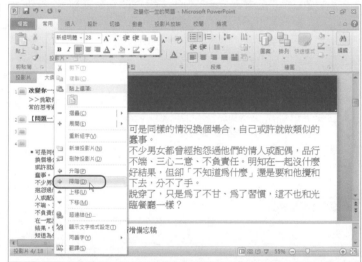

操作小撇步

除了調整文字階層，我們還可以折疊或展開標題，讓檢視整份簡報變得更加方便。

Trick 10 利用「備忘稿」製作簡報提示

在製作簡報時，我們可以將簡報時的口頭說明參考資料放在「備忘稿」中，這樣在簡報時，就可以有提示的功能哦！

1 將游標移到編輯視窗下方的「按一下以新增備忘稿」方框中，按一下滑鼠左鍵。接著只要在這個空白框中輸入說明文字，簡報時就會有備忘稿可以參考了。

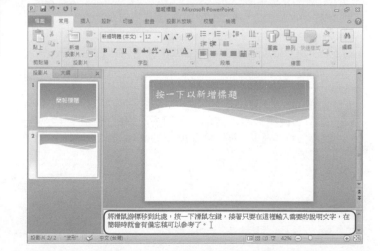

操作小撇步

備忘稿只有在外接投影機，並使用桌面延伸的功能才會在本機播放時顯示。

112

製作多媒體簡報

簡報是為了陳述、說明特定事物所衍生出來的輔助文件，是一位演講者在演說時的得力助手，平淡無奇的背景以及黑白的文字與圖表，並不能完全滿足它的實用性。為了加強簡報的美觀與說明效果，運用變化豐富的圖片、表格、流程圖，甚至影片、音樂…等效果，不但能使簡報賞心悅目，更能加強說明的效果，讓它深深吸引每位觀眾。

Trick 01 在簡報內容中加入圖片

在簡報中適時添加一些圖片，不但能讓能美化投影片的版面，讓簡報內容看起來更活潑生動，有些文字不容易清楚表達的部分佐以圖片輔助，反而更能簡潔明瞭哦！

① 切換到【插入】活頁標籤，然後在「圖像」群組裡點選「圖片」。

操作小撇步
也可以點選「圖例」群組中的「圖案」，插入一些現有的圖案。

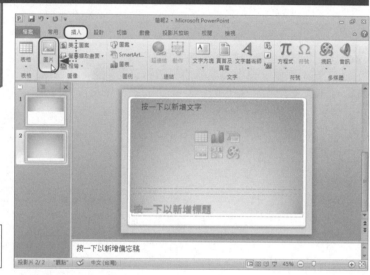

② 此時會開啟「插入圖片」對話盒，點選要插入的圖片後按〔插入〕，即可在投影片中加入選取的圖片了。

操作小撇步
將游標移到圖片四周的縮放控點上，再按住滑鼠左鍵進行拖曳，即可調整圖片的大小。

113

Trick 02 加入螢幕擷取畫面

不只Word 2010可以插入螢幕擷取畫面，在PowerPoint 2010中，同樣也可以使用這項特異功能哦！快來一起試試吧！

1 依序點選【插入】活頁標籤→「圖像」群組→「螢幕擷取畫面」，從下拉選單中挑選目前開啟的作業視窗，即會擷取整個視窗畫面到投影片上。

操作小撇步

要擷取的視窗必須是開啟狀態才能進行擷取，如果該視窗縮到最小化，則無法順利擷取。

2 如果只要擷取部分畫面，則在「螢幕擷取畫面」下拉選單中點選「畫面剪輯」，此時PowerPoint作業視窗會縮至最小，接著其他視窗畫面會刷淡，同時游標變成十字狀，按下滑鼠左鍵並拖曳，即可擷取視窗中部分的畫面了。

114

Trick 03 尋找Office.com多媒體檔案

如果想為簡報加上一些插圖，但是手邊沒有相關的圖片怎麼辦呢？這時候我們可以運用Office.com裡的多媒體檔案庫，搜尋合適的圖片哦！

1 依序點選【插入】活頁標籤→「圖像」群組→「美工圖案」，此時右側會出現「美工圖案」窗格。在「搜尋」空白框中輸入關鍵字，並勾選「包含Office.com內容」後按下〔搜尋〕，即可從下方列出的圖片裡，把要使用的圖片拖曳至投影片中即可。

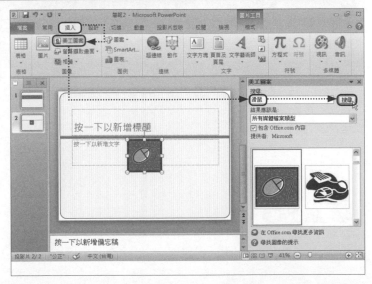

Trick 04 在簡報中插入表格

一份專業的投影片,適時加上一些表格是必要的,想要在投影片中插入表格,其實是非常簡單的哦!

1 切換到【插入】活頁標籤,然後在「表格」群組中按下「表格」,即可從下拉選單中依需求的表格大小進行拖曳,放開滑鼠左鍵後,就可以插入表格囉!

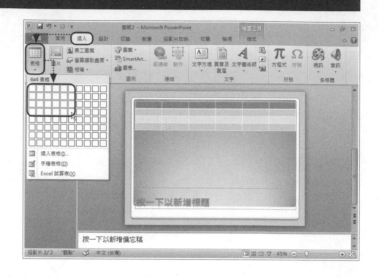

⚙ 操作小撇步

在拖曳的過程中可即時預覽表格的樣子,如果對表格的顏色及樣式還有其他想法,可以比照前面Word介紹的方式,在「表格工具」中進行調整。

Trick 05 插入SmartArt組織圖和流程圖

以往若是想要在PowerPoint中加入專業的圖表分析,可能必須要請專業的設計師,或是自行手動慢慢調整。但是在PowerPoint2010中,只要透過「SmartArt」,就可以輕鬆地製作各種漂亮的圖表。

1 切換到【插入】活頁標籤後,點選「圖例」群組中的「SmartArt」按鈕,會跳出「選擇SmartArt圖形」對話盒。

⚙ 操作小撇步

同樣也可以利用拖曳滑鼠的方式,在橫列中自動填入連續性資料。

2 此時可在「選擇SmartArt圖形」對話盒左側先選擇類型,然後從對話盒中間挑選適合的圖形樣版,從右側預覽並閱讀說明後按下〔確定〕。

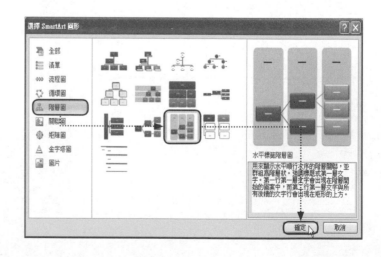

⚙ 操作小撇步

選取版面配置時,會顯示預留位置文字,以便查看SmartArt圖形的外觀,不過預留位置文字在放映投影片時並不會顯示。

3 接著就會出現選擇的圖形，按下左邊的 按鈕會出現文字輸入區，即可在此輸入圖表內的文字。如果預設的層數不夠，可以在文字輸入區按下 Enter 來增加階層。按滑鼠右鍵還能從快速選單中進行層次的調整。

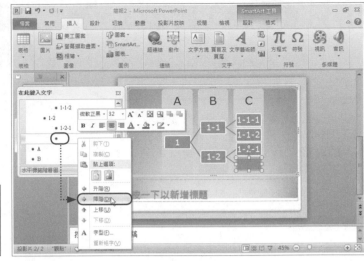

操作小撇步
如果此時發現目前套用的圖形不符需求，可以切換到「SmartArt工具」的【設計】活頁標籤，點選「版面配置」群組的「改變版面配置」，即可從下拉選單中更換成其他的版面配置。

4 切換到「SmartArt工具」的【設計】活頁標籤，可以從「SmartArt樣式」群組中，利用下拉選單對原本單調的SmartArt圖表，進行各種樣式的美化，也可以利用「變更色彩」下拉選單改變顏色。

操作小撇步
若是修改壞了也不用擔心，只要按下「重設」群組中的「重設圖形」，就會將所有圖片回復到原始狀態，而且會保留入的文字。

Trick 06 將文字轉換為SmartArt圖形

如果到現在才發現SmartArt圖形這麼好用，偏偏前面已經輸入了一堆文字，實在不想再重複輸入一遍。在貼心的PowerPoint 2010裡，可以讓我們輕易將現有文字和SmartArt圖形之間，進行互相轉換，相當方便哦！

1 選取文字後，在【常用】活頁標籤的「段落」群組中，按下「轉換為SmartArt圖形」，並從下拉選單中選取要轉換的SmartArt圖形即可。

操作小撇步
在「SmartArt工具」的【設計】活頁標籤中，點選「重設」群組的「轉換」，從下拉選單中選取【轉換成文字】，即可將SmartArt圖形轉換成文字。

116

Trick 07 插入各式專業圖表

在以往的PowerPoint版本中，能夠自訂的投影片圖表功能部份相當有限，不過在PowerPoint 2010中，針對這個部分做了很大的改善，不但更為精美，能自訂的部份也更多。

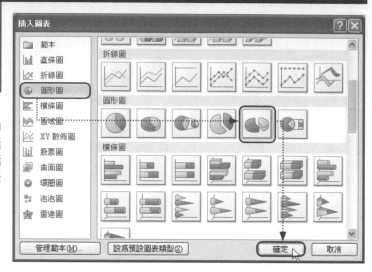

1 點選【插入】活頁標籤「圖例」群組中的「圖表」。此時會開啟「插入圖表」對話盒，從左側選擇合適的圖表類型後，可以在對話盒右側找到許多的圖表範例，選擇要加入的圖表後按下〔確定〕。

2 接著會在投影片中插入選擇的圖表，並且開啟Excel來顯示圖表的內容數據。編輯完內容數據的部分後將Excel關閉，即會在PowerPoint中出現對應的圖表。

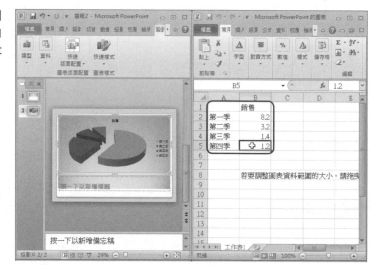

3 切換到「圖表工具」的【設計】活頁標籤中，可以從「圖表版面配置」群組的「快速版面配置」下拉選單中，選擇圖表不同的版面配置。也可以從「快速樣式」下拉選單中，選擇不同的圖表顏色樣式。

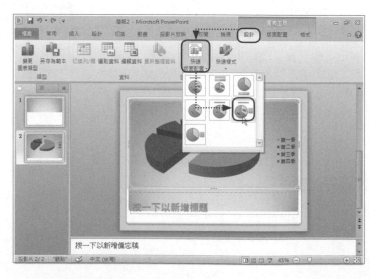

操作小撇步

切換到【版面配置】活頁標籤，則能針對圖表的各項元素進行個別的微調。

117

Trick 08 建立相簿簡報

簡報除了一般演講、報告等商業用途外，也有很多朋友喜歡將特定主題的相片，製作成投影片和大家分享。要把幾張相片製作成投影片，除了一張一張插入外，還有更簡捷便利的方法哦！

1 切換至【插入】活頁標籤，並按下「圖像」群組中的「相簿」，並從下拉選單中點選【新增相簿】。此時會出現「相簿」對話盒，在「由此插入圖片」按下〔檔案/磁碟片〕。

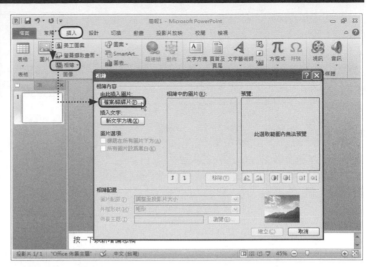

2 接著會跳出「插入新圖片」對話盒，選取要插入的圖片後，按下〔插入〕。

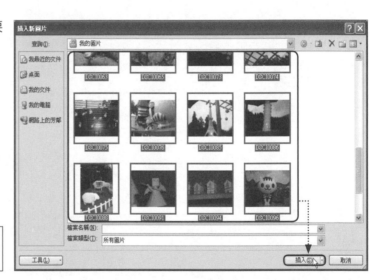

操作小撇步

利用鍵盤的 **Shift** 鍵或 **Ctrl** 鍵搭配滑鼠左鍵，可以一次選取多個圖檔。

3 回到「相簿」對話盒後，可以在「相簿中的圖片」窗格中看到加入相簿的圖檔清單，此時可利用 ↑ 或 ↓ 調整圖片的排列順序，也可以按下〔新文字方塊〕在圖片之間插入一張可以輸入說明文字的投影片。

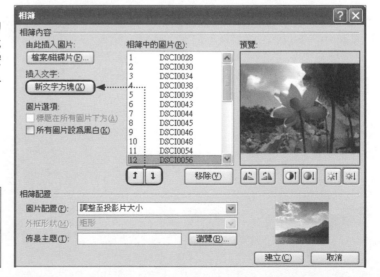

操作小撇步

預覽視窗下方的工具列，可以針對單一圖片進行調整，功能分別如下：
- 　：向左或向右90度旋轉圖片的方向。
- 　：提升和降低圖片影像亮度的設定。
- 　：提高和降低圖片影像對比的設定。

④ 另外在「相簿配置」的「圖片配置」下拉選單中，可以設定一張投影片放幾張圖片，要不要包含標題文字等；在「外框形狀」下拉選單中可以幫圖片變換不同的外框形狀。從右側的預覽縮圖預覽無誤後，最後按下〔建立〕即會自動依各項設定建立投影片。

⚙ **操作小撇步**
相簿建立完成後，可以先在第一頁加入相簿標題名稱及作者等文字，然後再依需求在投影片中加上說明及其他物件。

Trick 09 在投影片中插入音效

一份好的簡報，若能適時添加一些音樂或音效，將會讓簡報播放時更增添氣氛，營造簡報想傳遞的氛圍。趕緊來看看要如何在簡報檔中加入音效吧！

① 切換到【插入】活頁標籤，然後在「多媒體」群組中點選「音訊」，並從下拉選單裡點選【從檔案插入音訊】，然後選取要插入的音樂檔後按下〔插入〕。

⚙ **操作小撇步**
如果手邊沒有合適的音樂檔，可以點選【多媒體藝廊音訊】，從Office.com搜尋，或是點選【錄音】直接錄製音訊檔。

② 插入音訊後點選投影片中的喇叭圖示，然後切換到「音訊工具」的【播放】活頁標籤，在「音訊選項」群組中，透過「開始」下拉選單可以設定音樂檔的啟動方式。

⚙ **操作小撇步**
勾選「放映時隱藏」，即可在播放音樂時將喇叭圖示隱藏起來。

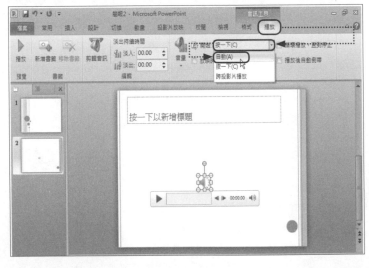

119

3 如果只想擷取音樂檔的其中一部分，可以按下「編輯」群組裡的「剪輯音訊」，在出現的「剪輯音訊」對話盒裡拖曳左右兩側的綠色及紅色滑桿，即可進行音樂檔的剪輯。

操作小撇步

配合「淡入」、「淡出」的設定，能讓擷取的音樂片段在播放時不會顯得太突兀。

Trick 10 在簡報中插入多媒體影片

在簡報中除了插入音樂外，適時插入一些多媒體影片，相信一定更能帶動簡報時的氣氛，讓簡報更加深觀眾的印象。

1 切換到【插入】活頁標籤，然後在「多媒體」群組中點選「視訊」，並從下拉選單裡點選【從檔案插入視訊】，然後在「插入影片」對話盒中選取要插入的影片檔後按下〔插入〕。

操作小撇步

可以插入的影片檔格式有avi、asf、mpeg、wmv及flash等。

2 接著切換到「視訊工具」的【播放】活頁標籤，即可在「視訊選項」群組中，透過「開始」下拉選單可以設定影片檔的啟動方式。

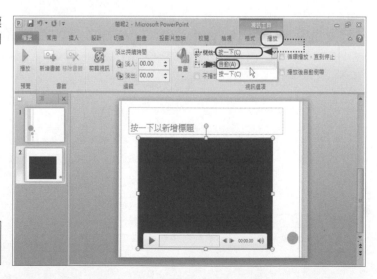

操作小撇步

勾選其中的「全螢幕播放」，即可用全螢幕的方式播放影片檔。

120

3 按下「編輯」群組裡的「剪輯視訊」，還可以在「剪輯視訊」對話盒中，藉由拖曳左右兩側的綠色及紅色滑桿，進行視訊檔的剪輯。

操作小撇步

影片檔同樣可以配合「淡入」、「淡出」的設定，讓視訊片段在播放時更平順。

Trick 11 在PowerPoint中加入Youtube上的影片

如果想加入的影片，既不在電腦中，也不在Office.com的多媒體藝廊裡，而是在Youtube等影片分享網站的話，這一點也難不倒PowerPoint 2010嘛！

1 連至影片分享網站，找到想要加到簡報檔的影片後，找到「嵌入」或是「Embed」，然後將嵌入程式碼整段複製下來。

操作小撇步

不是直接把影片的網址複製過來，千萬不要搞錯了！

2 接著在PowerPoint中依序點選【插入】活頁標籤→「多媒體」群組→「視訊」，並從下拉選單裡點選【來自網站的視訊】，然後在跳出的「從網站插入視訊」對話盒中，將複製的網址貼上後按下〔插入〕，即可插入網站上的影片。

操作小撇步

網站上的影片無法進行剪輯的動作，也無法使用全螢幕播放。

簡報版面設計技巧

Chapter 4

一份完整的簡報，很可能有數十張的投影片，這麼多張投影片，如果全都要一張一張的設定字型樣式、背景、色彩等實在太累了。此時若能運用PowerPoint裡的投影片母片，依照自己的需求製作母片，或是用內建的佈景主題加以修改，然後套用到每一張投影片中，不但更有效率，也能讓簡報更具整體感。

Trick 01 自製投影片的母片樣式

PowerPoint裡的投影片母片，就類似書籍的版型概念，只要設計好母片，就可以套用到每一張投影片中，讓整個簡報檔感覺起來更有整體感。

1 先切換到【檢視】活頁標籤，點選「母片檢視」群組裡的「投影片母片」。

操作小撇步

可以在新增簡報檔時就選取一個佈景主題，或是直接選用空白的簡報都可以。

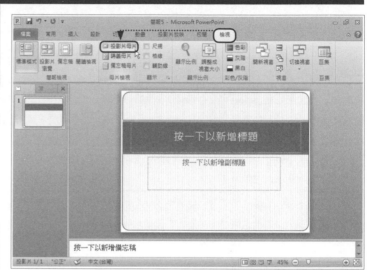

2 此時投影片會變成母片檢視模式，左邊窗格有一排不同的版面配置，可以直接點選裡面的版面配置出來，佈景主題中原本的圖案、色塊等，都可以進行各種編修。

操作小撇步

當然也可以自行加入要放在母片上的圖片。

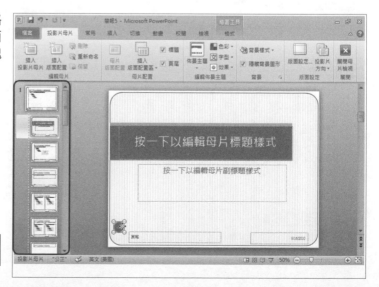

3　母片製作完成後，按下【投影片母片】活頁
標籤中的「關閉母片檢視」即可。

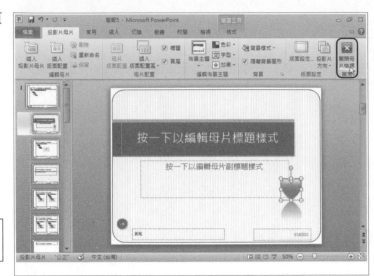

操作小撇步

如果還想再編輯母片，只要再重新點選【檢視】活頁標
籤「母片檢視」群組裡的「投影片母片」即可。

4　接下來在【常用】活頁標籤「投影片」群組
的「新增投影片」下拉選單中，即可看到我
們剛才編修過的母片樣式，可以直接拿來套用到
任何一張投影片中。

Trick 02 自己設計佈景主題

自行設計的母片，畢竟只能套用在該簡報
檔上，如果希望能跨簡報檔套用，那麼可
以自行設計一套特殊的佈景主題，建立具
有自我風格的簡報。

1　在【設計】活頁標籤中，按下「佈景主題」
群組中的「色彩」，然後從下拉選單中點選
【建立新的佈景主題色彩】。

操作小撇步

可以在新增簡報檔時就選取一個佈景主題，或是直接選
用空白的簡報都可以。

2 接著在開啟的「建立新的佈景主題色彩」對話盒中,可以看到一個相當清楚的顏色設置介面,調整好各種顏色後,在「名稱」後面輸入一個佈景主題色彩名稱,最後按下〔儲存〕。

操作小撇步

字型的部分也可以透過相同的方式,點選「字型」下拉選單的【建立新的佈景主題字型】,來建立一組新的佈景主題字型。

3 調整好佈景主題後,可以在「佈景主題」下拉選單中,選擇【儲存目前的佈景主題】,將目前所使用的佈景主題設計儲存起來,以便在其他地方套用。

操作小撇步

儲存好之後,除了可以在PowerPoint中套用外,還可以在Word或Excel的〔佈景主題〕下拉選單中挑選使用。

Trick 03 更改投影片方向

臨時想把做好的投影片從橫的改成直的?又擔心版面會被破壞掉?只要運用PowerPoint中的預設功能,馬上就能快速更改投影片方向!

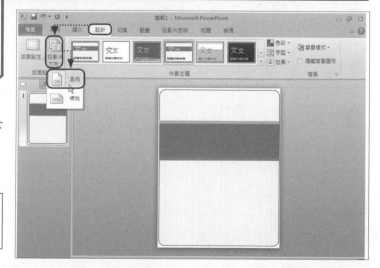

1 打開要更改方向的投影片後,進入【設計】活頁標籤,然後按下「投影片方向」,在下拉選單中,即可選擇要將版面改成直向或橫向。

操作小撇步

進行投影片方向調整時,整份簡報的投影片都會一起變動,而投影片中每一行的文字,會隨著版面寬度變長或縮短。

Trick 04 投影片版面設定

如果想進一步調整投影片的版面格式與大小，這裡也有方便的好方法可以使用。

1 進入【設計】活頁標籤，接著按下「版面設定」，在「版面設定」對話盒中，即可調整投影片的版面長寬、走向與大小，設定完成後按〔確定〕。

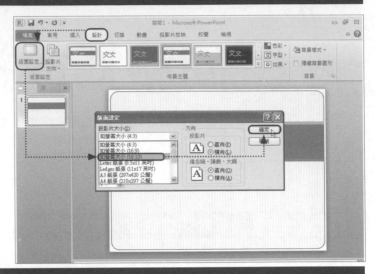

Trick 05 插入頁首及頁尾

一份完整的簡報可以包括投影片、備忘稿和講義等部分，其中投影片可以編輯頁尾文字，備忘稿和講義則可以編輯頁首與頁尾。

1 打開要插入頁首及頁尾的簡報檔後，按下【插入】活頁標籤「文字」群組的「頁首及頁尾」。

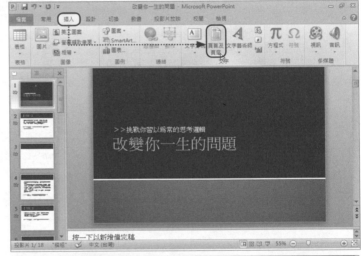

2 然後在「頁首及頁尾」對話盒中，設定要置入投影片的頁尾內容，最後按下〔全部套用〕即可。

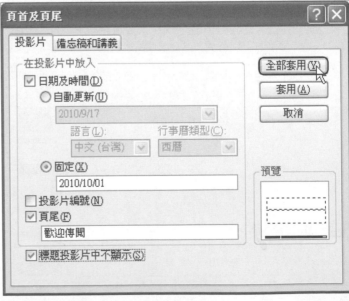

操作小撇步

如果不想在標題投影片中加入頁尾文字、日期或編號，請勾選「標題投影片中不顯示」。

125

簡報播放技巧

設計好投影片內容後，最後一步就是規劃簡報的播放方式。PowerPoint提供了許多動畫效果，讓我們在串聯每張投影片內容時，能有更流暢的表現。透過動畫效果，一來可以營造串場氣氛，二來可以掌控簡報的時間，達到盡善盡美的簡報效果。

Trick 01 投影片切換動畫

投影片與投影片之間切換時，可以設定適合的過場動畫效果，讓觀眾在聽取簡報時，能有不同的期待和驚喜。

1 從左邊投影片窗格中選取要套用切換效果的投影片，然後切換至【切換】活頁標籤後，在「切換到此投影片」下拉選單中挑選想要套用的效果。

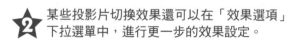

操作小撇步
游標移到下拉選單中任一切換效果上，可即時預覽套用後的效果。

2 某些投影片切換效果還可以在「效果選項」下拉選單中，進行更一步的效果設定。

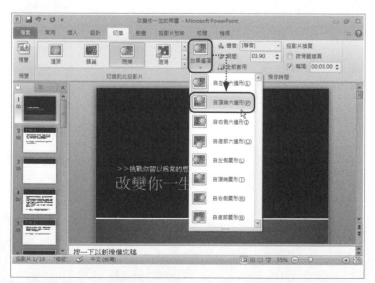

操作小撇步
如果整份簡報都要使用相同的投影片切換效果，可以直接按下「預存時間」群組裡的「全部套用」。

3 此外，還可以在「預存時間」群組的「聲音」下拉選單中，選取切換投影片時要出現的聲音效果。

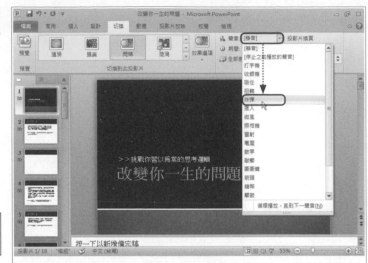

操作小撇步

切換投影片時如果不需要加入聲音效果，就選擇「靜音」即可。

Trick 02 簡報自動播放

除了自己手動切換投影片外，PowerPoint還可以設定讓簡報自動切換到下一張投影片，而且切換投影片的時間間隔，還可以自訂喔！

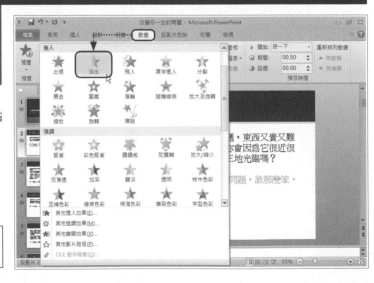

1 進入【切換】活頁標籤，然後將「預存時間」群組內的「按滑鼠換頁」取消勾選，並勾選下面的「每隔」，然後在後面設定隔多少時間要切換至下一張投影片。

操作小撇步

若整份簡報都使用相同的切換時間，可以按下「預存時間」群組裡的「全部套用」。

Trick 03 加入動畫圖案效果

除了投影片切換時的過場效果，在每一張靜態的投影片中，也能幫裡頭的文字及圖片，添加各式各樣的動畫效果，讓簡報更生動精彩。

1 選取投影片中要添加動畫效果的元件後，點選【動畫】活頁標籤的「動畫」下拉選單，即可依需求挑選「進入」、「強調」或「離開」的動畫效果。

操作小撇步

游標移到下拉選單中任一切換效果上，可即時預覽套用後的效果。

127

2 某些動畫效果還可以在「效果選項」下拉選單中，進行更一步的效果設定。

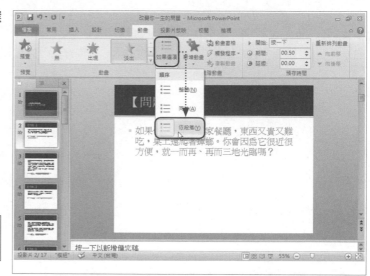

操作小撇步

每一種動畫的效果選項不盡相同，將游標移到任一選項上面都可以即時預覽套用後的結果。

3 接著在「預存時間」群組的「開始」下拉選單中，可以設定動畫出現的方式，要按一下滑鼠才出現，還是要跟前一個動畫效果同時進行，或是自動緊接著前一個動畫效果結束後自動開始。

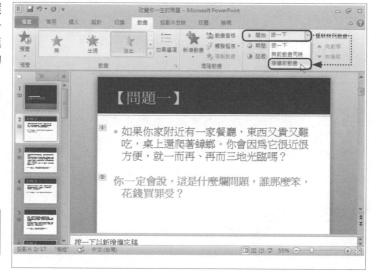

128

操作小撇步

另外還可以在「預存時間」群組的「期間」中，設定動畫效果的進行時間。

4 如果還需要做進一步的動畫效果設定，可以點選「進階動畫」群組中的「動畫窗格」。此時右側會出現一個動畫窗格，點選每一個動畫會出現下拉選單，按下其中的【效果選項】。

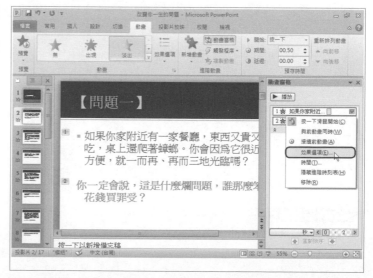

操作小撇步

也可以透過下拉選單移除不需要的動畫效果。

5 在出現的「效果選項」對話盒中，切換到【效果】活頁標籤，可以在「聲音」下拉選單中選取動畫效果進行時要加入的音效，選取完畢按下〔確定〕即完成。

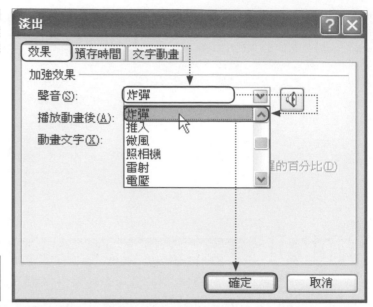

操作小撇步

按下「聲音」下拉選單後面的喇叭圖示，可以播放所選取的聲音效果。

Trick 04 自訂簡報播放方式

當所有的投影片切換及動畫效果設定完成後，為了讓簡報播放更順利，還可以做更多的簡報放映方式的設定，我門就趕緊來瞧瞧吧！

1 切換到【投影片放映】活頁標籤，然後按下「設定」群組中的「設定投影片放映」，接著會出現「設定放映方式」對話盒，即可進行各種放映設定的相關細節設定。

Trick 05 自訂投影片放映

一般正常簡報都是從第一張播放到最後一張，不過有時為了某些特殊效果，會變換播放的順序，或重複或跳過某幾張投影片。這時就需要借助「自訂投影片放映」的功能，幫我們完成這項特殊任務。

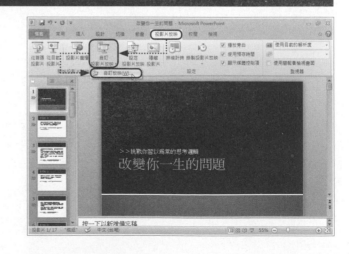

1 切換到【投影片放映】活頁標籤，並點選「開始投影片放映」群組中的「自訂投影片放映」，然後從下拉選單中選取【自訂放映】。

接著在「定義自訂放映」對話盒中，可以依播放順序，從左側挑選投影片後，按下〔新增〕，加至右側的窗格中，亦可利用上下箭頭調整順序，完成後按下〔確定〕即可。

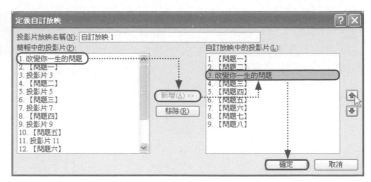

Trick 06 設定簡報排練計時

據說蘋果電腦執行長賈伯斯在進行各項產品發表會前，也都會針對整個簡報的流程花了足足兩天進行排練，所以想要讓簡報更順利進行嗎？就趕緊排練，順便做一下時間上的掌控吧！

開啟簡報後，切換至【投影片放映】活頁標籤，然後按下「設定」群組中的「排練計時」。

接著就會開始放映投影片並計算簡報播放的時間，排練過程中如需暫停或切換到下一張投影片，可按下左上方「錄製」快顯功能表中的各項功能進行操作。

操作小撇步

在「錄製」快顯功能表中最右側為總播放時間，在中間的是每張投影片的播放時間。

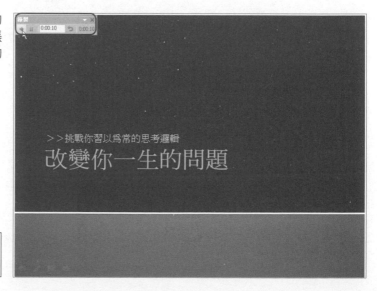

Trick 07 錄製簡報旁白

如果擔心站在觀眾前進行簡報會怯場，也可以事先把旁白錄製下來，雖然效果不如當場口述來得生動，不過至少不必擔心吃螺絲或臨時忘稿的情形！

1 切換到【投影片放映】活頁標籤，按下「設定」群組中的「錄製投影片放映」，接著在跳出的「錄製投影片放映」對話盒中，勾選「旁白和雷射筆」，然後按下〔開始錄製〕，就可以一邊看著螢幕上的簡報，一邊開始錄製旁白了。

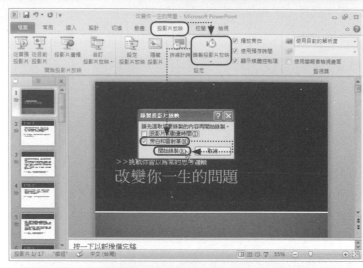

2 錄製過程中若要暫停旁白，則按下「錄製」快顯功能表中的「暫停」。若要繼續則按下「繼續錄製」。在投影片按滑鼠右鍵，並從快速選單中點選【結束放映】，即可結束錄製。

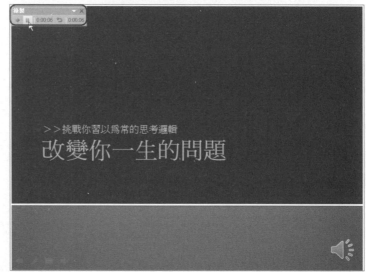

131

Trick 08 投影片廣播

在PowerPoint 2010中有一項隔空投影的特異功能，就是「投影片廣播」。透過這項特異功能，不管在地球的任何一個角落，都可以同步進行遠端的投影片觀看哦！

1 依序點選【檔案】→「儲存並傳送」→「投影片廣播」，並按下右側窗格的「投影片廣播」鈕。

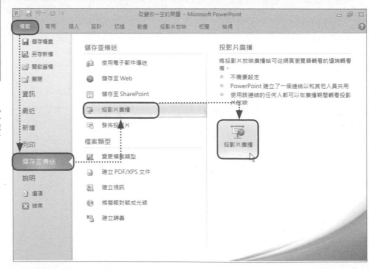

② 此時會出現「投影片廣播」對話盒，並出現一串網址，可以按下「複製連結」或「以電子郵件傳送」，將這串網址傳給其他的人後，按下〔開始投影片放映〕鈕，即會開始進行投影片廣播。

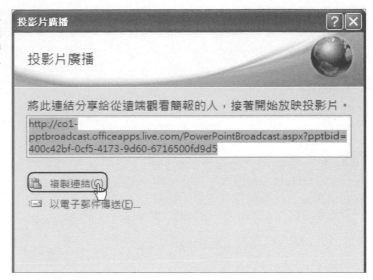

③ 此時遠端的人只要開啟瀏覽器連至該網址，即會同步顯示目前簡報播放的投影片頁面。亦可點選「檢視全螢幕」切換到全螢幕播放。

132

操作小撇步

若瀏覽器未安裝過「Silverlight」外掛工具，會在播放前提示安裝，讓播放投影片時能呈現美麗的視覺效果和清晰的文字。

Trick 09 將簡報封裝成光碟

簡報除了可以進行現場播放外，還可以燒錄成光碟片，以製作方便攜帶的隨身簡報，並且還可以在沒有安裝PowerPoint的電腦上播放哦！

① 依序點選【檔案】活頁標籤→「儲存並傳送」→「將簡報封裝成光碟」，並在右側窗格中按下「封裝成光碟」。

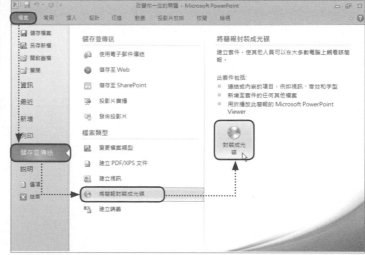

2 接著在「封裝成光碟」對話盒中,選取要複製的簡報檔,並在CD名稱後面的方框中輸入光碟名稱後,按下〔複製到CD〕即可開始進行燒錄的動作。

Trick 10　把投影片轉成一張一張的圖片檔

如果不希望簡報檔內容被他人更動,可以將簡報檔內容,轉換成圖片簡報,讓原本各自獨立在每張投影片裡的圖片和文字,通通變成一張一張的圖片檔。

1 依序點選【檔案】活頁標籤→「儲存並傳送」→「變更檔案類型」→「PowerPoint圖片簡報」,然後按下「另存新檔」即完成,此時檔案仍儲存為ppt格式檔。

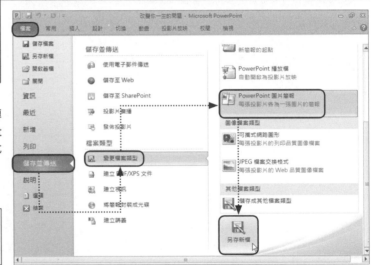

操作小撇步

你也可以點選「JPEG圖片交換格式」將簡報逐張儲存成JPEG檔,或點選「可攜式網路圖形」將簡報逐張儲存成PNG檔。

133

Trick 11　用PowerPoint製作影片

PowerPoint除了可以製作簡報外,還可以將簡報播放的過程轉換成影片檔。利用這個特點,就能製作出特殊的形象影片哦!

1 依序點選【檔案】活頁標籤→「儲存並傳送」→「建立視訊」,然後選取要建立的影片品質,以及是否加入錄製時間及旁白,最後按下「建立視訊」即會將簡報儲存為wmv格式檔。

操作小撇步

如果有錄製旁白及每張投影片的播放時間,就會依照預先設定的時間播放。

Trick 12 建立投影片講義

演講者在做簡報時，如果將簡報內容準備充分，並提供聽講者相關的講義，讓聽講者能隨時把簡報中的重要資料記錄下來，如此，會有更好的簡報效果哦！

1 首先點選【檢視】活頁標籤，在「母片檢視」群組中按下「講義母片」。

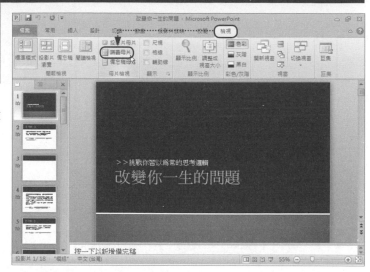

2 此時可以在【講義母片】活頁標籤的「版面設定」群組中，點選「每頁投影片張數」，即可從下拉選單中設定講義一頁要放幾張投影片。設定完畢後，記得按下「關閉母片檢視」。

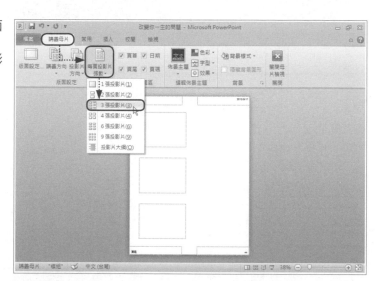

134

3 最後再按下【檔案】活頁標籤，並點選「列印」。接著在「設定」項目中點選「講義」，並決定每頁投影片的張數，最後按下〔列印〕，就可以將簡報講義印出來了。

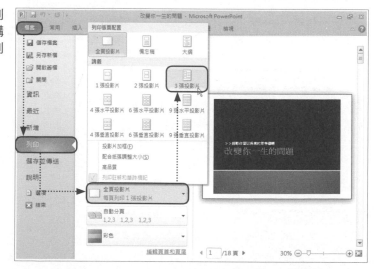

Trick 13 讓Office和Google文件徹底整合

Office畢竟是單機作業系統,一旦要換電腦作業,手邊的文件檔就要傳來傳去的。其實只要裝上「OffiSync」這個小程式,就能整合Office和Google文件各自的特長,把檔案放到Google文件上,並用Office操作編輯!

⭐1 開啟瀏覽器連至「http://www.offisync.com/download.html」,下載並安裝「OffiSync」。安裝完畢後,開啟PowerPoint(或是Word、Excel也可以),並切換至新出現的【OffiSync】活頁標籤,點選「Document」群組中的「Open」。

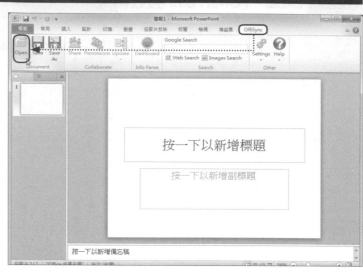

⭐2 第一次操作時會出現「OffiSync」對話盒,在「User/Email」及「Password」後面框格中,分別輸入我們在Google帳戶的使用者名稱及密碼,並勾選「Remember my password」後,按下〔OK〕。

⭐3 此時在出現的「Open Document」對話盒左側窗格中,點開「Google Docs」,即可從右側窗格中看到我們放在「Google文件」裡的文件檔,找到要編輯的檔案後按下〔Open〕。就可以在我們熟悉的Office中,編輯「Google文件」上的文件檔囉!

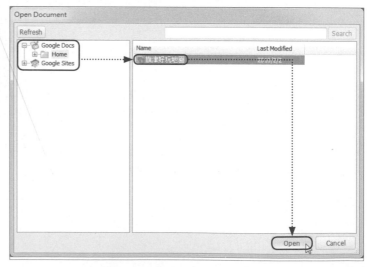

2AE046

Word、Excel、PowerPoint 強效精攻500招（附贈爆量密技別冊）

作　　　者／PCuSER研究室
責 任 編 輯／陳嬿守、單春蘭
封 面 設 計／韓衣非
版 面 設 計／江麗姿

行 銷 企 劃／辛政遠
行 銷 專 員／楊惠潔
副 社　　長／黃錫鉉
總 編　　輯／姚蜀芸
總 經　　理／吳濱伶
發 行　　人／何飛鵬
出　　　版／電腦人文化
發　　　行／城邦文化事業股份有限公司
　　　　　　歡迎光臨城邦讀書花園
　　　　　　網址：www.cite.com.tw
香港發行所／城邦（香港）出版集團有限公司
　　　　　　香港灣仔駱克道193號東超商業中心1 樓
　　　　　　電話：(852)25086231
　　　　　　傳真：(852)25789337
　　　　　　E-mail：hkcite@biznetvigator.com
馬新發行所／城邦（馬新）出版集團
　　　　　　Cite (M) Sdn Bhd
　　　　　　41, Jalan Radin Anum, Bandar Baru Sri Petaling,
　　　　　　57000 Kuala Lumpur,Malaysia.
　　　　　　電話：(603)90563833
　　　　　　傳真：(603)90576622
　　　　　　E-mail：services@cite.my

印　　　刷／凱林彩印股份有限公司
　　　　　　2024年6月五版 3 刷
　　　　　　Printed in Taiwan
Ｉ Ｓ Ｂ Ｎ／978-957-2049-29-7
定　　　價／199元

國家圖書館出版品預行編目資料

Word、Excel、PowerPoint強效精攻500招 / PCuSER研究室著.
-- 四版. -- 臺北市；

電腦人文化出版；城邦文化事業股份有限公司發行, 2023.03

　面；　公分

ISBN 978-957-2049-29-7(平裝)

1. CST: OFFICE 2010(電腦程式)

312.4904　　　　　　　　　　　112000838

●如何與我們聯絡：

1.若您需要劃撥購書，請利用以下郵撥帳號：
　郵撥帳號：19863813　戶名：書虫股份有限公司

2.若書籍外觀有破損、缺頁、裝釘錯誤等不完整現象，想要換書、退書，或您有大量購書的需求服務，都請與客服中心聯繫。

客戶服務中心
地址：115 台北市南港區昆陽街 16 號 7 樓
服務電話：（02）2500-7718、（02）2500-7719
服務時間：週一 ～ 週五上午9：30～12：00，
　　　　　　　　　　下午13：30～17：00
24小時傳真專線：（02）2500-1990～3
E-mail：service@readingclub.com.tw

3.若對本書的教學內容有不明白之處，或有任何改進建議，可利用書後的讀者回函，或將您的問題描述清楚，以E-mail寄至以下信箱：
　pcuser@pcuser.com.tw

4.PCuSER電腦人新書資訊網站：
　http://www.pcuser.com.tw

5.PCuSER專屬部落格，每天更新精彩教學資訊：
　http://pcuser.pixnet.net

6.歡迎加入我們的Facebook粉絲團：
　http://www.facebook.com/pcuserfans（密技爆料團）
　http://www.facebook.com/i.like.mei（正妹愛攝影）

※詢問書籍問題前，請註明您所購買的書名及書號，以及在哪一頁有問題，以便我們能加快處理速度為您服務。

※我們的回答範圍，恕僅限書籍本身問題及內容撰寫不清楚的地方，關於軟體、硬體本身的問題及衍生的操作狀況，請向原廠商洽詢處理。